그 여 름 의
포 지 타 노

맹지나 찍고 쓰다

이탈리아 남부 해안가 마을
살다, 사랑하다

그 여름의 포지타노

bs
브레인스토어

아말피 해안

나폴리

비에트리

라벨로

소렌토

몬테페르투소

노첼레

푸로레

아말피

포지타노

프라이아노

아말피 해안 여행이라 하여 돌아보게 되는 대표적인 마을 중 몇몇은 살레르노 현(Provincia di Salerno)에, 몇몇은 나폴리 현(Provincia di Napoli)에 소속되어 있어 아말피의 호적을 말하는 것은 꽤 복잡하다. 반도 가장 아래쪽에 위치한 캄파니아 주(Regione Campania)의 소렌토 반도(Sorrentine Peninsula) 남쪽에 있다고만 해 두자. 목이 긴 장화 모양의 이탈리아에서, 신발끈을 동여 매는 발등 언저리.

Prologue

깨어진 마음들은 어디로 가야 하나

여행을 촉발하는 방아쇠가 되는 것은 무엇일까. 돌이켜 생각해 보니 20대 초·중반까지 내 여행의 방아쇠를 당겼던 감정과 사건은 모두 부정적인 성질의 것이었다. 침울함, 답답함, 절망의 끝에서 비행기 표를 샀다. 여행지에 대한 기대보다도 도망간다는 생각에서 오는 안도감이 큰 여행들이었다. 하지만 아말피 해안가 여행은 이렇게 참다 못해 표를 사는 심정으로 시작된 것이 아니었다. 정확한 이유나 사건이 있어 그것을 조금이라도 완화시키고 오겠다는 마음으로 비행기에 실려 떠나는 여행이 아니었다. 어떻게 이 여행을 떠나게 된 것이었나 자문해 보았다. 여행을 결심하는 과정을 총에 맞는 것에 비유하는 이유는, '총 맞은 것처럼'이 아니라면 갑자기 그렇게 획 정신이 돌아 산더미 같은 여행 준비를 눈 깜짝할 사이에 마치고 비행기에 탑승해 있을 수 없으니까.

방아쇠는 오래전에 당겨졌다

서점에서 흔히 볼 수 있는 '성공하는 사람들의 특징'이라든지 '작은 것들은 신경 쓰지 마' 류의 책에 나오는 뒤끝 없고 대범한 모범 사례들과 가장 거리가 먼 사람이 바로 여기 있다. 자주 떠나고 자주 충전을 해야 하는, 2년 정도는 사용한 배터리와 같이 지내 온 지도 꽤 되었다. 사실 여행을 떠나려 구체적으로 계획하고 있지 않아도 총구는 언제나 나를 향해 있다. 목 뒤에서 이래도 안 떠날 거냐 고함을 지르며 안전장치를 풀고 언제고 발사될 것만 같은 총구를 나는 매 순간 느낀다. '떠나, 떠나라고!' 하는 총소리가 귓가에 계속 울리고 있는 것이다. 울림은 오래되어 귀가 먹먹해졌다. 이제는 굉장한 '빵!'이 아니면, 더는 못 견디겠다는 마음으로 떠나지는 않는다. 나를 포지타노로 보낸 단발은 소리는 그리 크지 않았을지 모르나 파동이 길었다. 파도처럼 일렁이는 기분이 몸 안을 떠나지 않아 결국 짐을 꾸려야 했다.

가방에는 작은 마음 조각들을 넣어

깨진 마음으로 떠나는 여행이었다. 하지만 다행인 것은, 몇 개의 조각으로 부서졌는지는 가늠할 수 없지만 완전히 산산조각 나 아예 내다 버려야 하는 상태는 아니었다는 것이다. 가뭄 든 논바닥처럼, 버스 정류장의 강화 유리처럼 쩍쩍 갈라져 있었다. 여러 갈래가 났지만 다시 하나가 될 가능성이 있는 바닥이었다. 그래서 나는 메마른 조각들을 모두 안아 여행 가방에 담았다.

혼자서도 괜찮을 여행

이별 후 시간이 꽤 지난 다음 떠나는 여행이기도 했다. 소위 말하는 리바운드 여행은 아니었다. 비행기 안에서 내내 울며 그를 그리워하고 호텔 침대에서 베갯잇을 적시는 밤들이 예정되어 있지는 않다는 것이었다. 싱글로 여행을 떠나 보는 것은 어떤 느낌일지 호기심 반, 설렘 반으로 떠나는 여행이 될 것이었다. 도시를 옮길 때마다 잘 도착했다고 연락을 취할 누군가가 서울에서 나를 그리워하며 기다리고 있지 않았다. 잘 잤는지, 밥은 맛있었는지, 비행은 불편하지 않았는지 물어 올 사람이 없는, 시시콜콜 떠들고 싶은 감상을 혼자 잘 간직할 수밖에 없는 여행이 될 것이었다. 겁이 조금 나기도 했지만 언제가 되었든 가야 할 여행이었다.

아말피 해안 Costiera Amalfitana, 아쉬움의 반대편에 서서

특별한 수식이 필요 없는 화려한 미모의 아말피 해안가는 결혼을 하게
되면 꼭 허니문 여행지로 가 보리라 오래전부터 점찍어 놓은 곳이었다.
이곳으로 떠난다 했을 때 거기가 어디냐며 묻는 사람들 중 반 이상은 사
진을 보여 주면 본 적이 있노라 대답했다. 세계에서 가장 예쁜 곳 1등.
죽기 전에 꼭 가 봐야 할 곳 1등. 1등은 애초에 아말피 해안으로 정해 놓
고 해마다 2, 3위만 치열하게 경합시키는 듯이 좀처럼 왕관을 내어 주
지 않는, 비교 불가한 명승지다. 아무리 따지기 좋아하는 사람이라도 사
진 한 장만 내보이면 눈이 부시어 어릿한 그 아름다움에 반박할 수 없
다. 이탈리아 반도에서 가장 로맨틱한 작은 마을들이 옹기종기 모여 있
는 해안가이니 허니문과 더 없이 잘 어울린다. 아이러니하게도 오랜 연
애에 마침표를 찍고 나서 가장 먼저 든 생각은 '아말피 해안에 가야겠
다'였다. 독신주의자는 아니지만 다들 말하는 적령기에 결혼을 꼭 해야

겠다는 생각은 없기에, 이러다 영영 아말피 바닷가엔 발가락 하나 못 담가 볼 수도 있겠다 싶었다. 여태껏 여행한 곳들은 사실 언젠간 가 봐야지 생각하고는 예상보다 훨씬 더 일찍 가 보게 되었었는데, 아말피는 내가 어느 날 갑자기 결혼을 덜컥 하지 않는 이상 앞당겨 갈 수 있는 곳이 아니었다. 자고 일어나 '오늘 결혼해야지!' 하는 상황이 발생할 가능성은 희박하니까. 그와는 반대로, 자고 일어나 몇 시간 후 이별할 것을 예상하지 못했더라도 그렇게 될 수 있는 가능성은 상당하다. 이렇게 나폴리행 티켓을 예약했다. 이름 석 자만 되뇌어도 가슴 떨리는, 꼬소한 피자 도우 냄새가 폴폴 나는 나폴리. 이번엔 늦게 도착하는 비행기 시간 때문에 잠만 자고 아침에 아말피로 바로 떠나야 하는 아쉬운 나폴리. 지난번 나폴리 여행 때는 아말피를 바라보며 아쉬워했지만 이번엔 바닷가에 서서 나폴리를 아쉬워해야겠구나.

포지타노에게 단단히 물리다

고작 8*km²* 남짓한 이 작은 마을의 인구는 겨우 4천 명 남짓. 해적들이 처음 포지타노 해안가에 도착하며 우리말로 '영차, 이영차!'쯤 되는 '포사, 포사! posa, posa' 하고 소리를 질렀다고 하여 포지타노Positano라는 이름이 붙었다. 구글에서 포지타노를 검색하면 대부분의 영문 잡지 기사와 블로그 포스팅은 존 스타인벡John Steinbeck이 1953년 하퍼스 바자Harper's Bazaar에 기고했던 짤막한 글의 앞 부분을 인용하고 있다. 본격적인 여행기를 쓰기 전에 엄청난 클리셰가 된 이 인용구를 한 번만, 정말 딱 한 번만 쓰겠다.

포지타노는 여운이 깊다Positano bites deep. 머무르는 동안에는 실제 같지 않은 꿈과 같은 곳이며, 떠난 후에야 손짓하여 부르는, 실존하는 곳이 된다.

나는 한글로 어떻게 해석하면 좋을까 고민하게 되는 외국어 단어와 표현들을 참 좋아한다. 스타인벡이 포지타노를 설명할 때 사용한 'bite'라는 단어가 무척 인상 깊다. 먹는 것 외에 어떤 것을 베어 문다는 표현을 사용하는 경우가 종종 있다. 깊은 인상을 받았을 때의 기분을 나타내는 것인데, 스타인벡만큼 이 표현을 적시에 사용한 문장은 보기 드물다. 그러나 첫 문장을 제외한 글의 나머지 부분에는 거의 동의하지 못했다.

포지타노처럼 아름다운 곳을 발견하면 대부분의 경우 이를 감추고 싶다는 충동이 든다. "소문을 내면 관광객들이 곧 몰려들고, 그들이 이곳을 망칠 거야. 엉망진창 시장 바닥이 되고 나면 여기 사람들도 장사치처럼 변할 것이고, 이 사랑스러운 곳은 지옥이 되어 버리겠지." 하지만 포지타노에서는 그럴 가능성이 없다. 우선 그럴 공간이 없기 때문이다.

포지타노에는 약 2천 명의 사람들이 살고 있고, 500명의 관광객 외에는 더 내어 줄 공간이 없는 것이다.

이것 봐. 전혀 동의할 수 없다. 최대한 많은 사람들이, 특히 이미 다녀간 사람들이 이곳의 진가를 알았으면 하는 마음이 가장 크다. 깃발 아래 집합하여 포지타노의 가장 안 예쁜 곳들만 보며 — 그래도 이탈리아 그 어느 구석보다도 충분히, 월등히 어여쁘다. 상대적인 표현일 뿐 — 감탄하고, 10분간 사진을 찍고, 15분간 바닷물에 발을 담그고, 5분 동안 화장실을 해결하고, 젤라또 하나 들고 소렌토 가는 버스로 뛰어 가는 사람들을 여름내내 보았다. 오래 머물고 구석구석 보아야 한다고, 수많은 관광 버스들을 멈춰 세우고 싶었다. 아직 오지 않은 사람들에게는 여행 일정을 늘려 달라고 읍소하고 싶다. 사실 이것이 거의 이 책을 쓰는 이유다. 포지타노를 찾아 달라고. 포지타노는 나를 좋은 사람으로 만들어 주었다. 보물을 발견하고 모두와 나누어 갖자 외치고 싶은 사람으로 만들었다. 어떤 식으로든, 여행자를 변화시키는 여행지는 좋은 곳이다. 마을 뒤에 둘려있는 가파른 산 잔등은 마치 튼튼한 송곳니 같아, 포지타노는 나를 입안에 넣고는 혀로 살살 굴리다 매일 점점 세게 물었다. 아침마다 이 사랑스러운 동네에 앙, 물려 행복에 겨운 비명을 지르며 일어났다.

— JUNE & JULY

유월, 칠월의 포지타노

— SEPTEMBER

○ ○ ○

구월의 포지타노

유월,

칠월의 포지타노

JUNE & JULY

Day 1。
June 24

나폴리 *Napoli*

중독적인 그 두둥실

어렸을 때 엄마, 아빠의 손을 하나씩 잡고 공중에 붕 뜨는 놀이를 안 좋아한 아이도 있을까? 눈치껏 조를 수 있는 만큼 타고 나서 엄마, 아빠의 손아귀 힘이 조금 빠진다 싶으면 쉬었다가 금방 또 해달라고 조르게 만들었던 그 나는 듯한 기분은 비행기가 이륙할 때의 그것과 유사하다. 어릴 적 외국 놀이공원에서 360도 회전하는 바이킹을 멋모르고 탔다가 기절 직전까지 놀란 이후로 청룡 열차는 타도 바이킹은 타지 못하는데, 바이킹을 좋아하는 사람들이 말하기론 하강할 때 엉덩이가 공중에 살짝 들려 날아가는 것만 같은 기분이 최고로 신난다고. 비슷한 느낌일 것 같은데 어쨌든 나는 열 살 때 생긴 바이킹 트라우마 때문에 엄마, 아빠의 손이 아니면 비행기로만 느껴 볼 수 있는 기분이었다. 이제 엄마보다도 키가 컸으니 놀이를 조를 수는 없어 유일한 옵션은 비행기뿐이다.

이륙에는 심리적인 만족감도 있다.

비행기가 오르는 움직임의 신속함은

'변화'의 대표적인 상징이니까.

이러한 힘의 과시는 우리에게 비행기처럼

인생에서 결단력 있는 변화를 만들어 보라 영감을 줄 수 있다.

우리도 언젠가는 지금 우리를 덮고 있는 것 위로

두둥실 떠오를 수 있다고 상상하게 만들 수 있다.

。알랭 드 보통「여행의 기술」

태양이 가장 높게 뜰 때 떠나는
여름 여행

가을의 예민한 소리를 듣는 섬세한 귀를 순우리말로 가을귀라 한다. 사
계절 중 봄을 가장 싫어하고 가을을 타지 않는 내게는 여름귀가 있다.
나의 일 년 중 세 계절을 지탱하는 것은 데일 듯 강렬하게 뜨거운 여름
이라, 여름이 골목을 돌아 다가오는 조짐을 귀신같이 알아챈다.

얼마만의 여름 여행인가? 이제까지 겨울 여행을 가장 많이 다녀왔고,
4~5월의 런던과 파리가 그나마 여름에 가장 근접했던 최근의 봄 여행
지였다. 물론 그 여행에도 축축한 회색 구름 사이로 가끔 들이치는 햇빛
의 낭만이 있었지만, 한여름에만 느끼는 바캉스 기분과는 견줄 수 없다.
이번에는 일 년 중 태양이 가장 높이 뜨고 낮의 길이가 가장 길다는 하지
夏至 사흘 후 출발한다. 여름이 시작하자마자 떠나는, 진짜 여름 여행이다.
한국에는 장마가 있어 요란하게 여름 맞이를 하지만 유럽의 여름은 조
용히 온다. 천천히 온도를 높이는 오븐처럼 어느새 노릇하게 탄 피부색
으로 알게 된다. 오매불망 기다려 온 여름이 한국에 먼저 도착하고, 나
는 곧 쏟아질 장맛비를 피해 이탈리아로 날아가 아주 조금씩 열기를 더
해 가는 여름을 맞았다. 내 여름귀는 그 기민하고 섬세한 움직임을 감지
하고 팔랑이기 시작했다.

받으러 갑니다, 이탈리아에게

첫 번째 이탈리아 여행 중에는 내내 굉장한 흥분 상태였다. 이탈리아의 다섯 개 대도시밀라노, 베네치아, 피렌체, 로마, 나폴리에서 가장 좋은 카페들만 찾아 다니며 최고의 커피를 마시고 오겠다는 첫 책「카페 이탈리아」, 2012의 구상에 맞추어 조사할 것도 많고 발품도 많이 팔았던 여행이었다. 에너지가 넘치는 이탈리아의 음식, 오페라, 언어, 사람들처럼, 이탈리아 여행자는 늘 상기된 상태를 유지하게 된다. 이탈리아에서 가장 열정 넘치는 남부 여행이니 도착하여 어떤 흥분과 자극을 상면할지 잘 알고 있었다. 바로 이것이 필요했기 때문에 아말피가 기억 속 먼지를 탈탈 털고 일어나 마음속에서 계속 떠나자고 졸라 댔는지 모르겠다.

그저 그 자리에 얌전히 있어 구경을 당하고 때가 되면 손님을 점잖게 돌려 보내는 여행지들이 있는가 하면, 여행자에게 무언가를 선물하는 여행지가 있다. 이탈리아는 아낌없이 준다. 이탈리아만이 줄 수 있는 것들을 다시 느끼기 위해 사람들은 매일 로마의 트레비 분수에 3천 유로를 던져 넣고 다시 이곳에 올 수 있기를 간절히 바란다.

두 번째 나폴리

바로 포지타노의 숙소로 이동하기엔 착륙 시간이 너무 늦어 하루를 묵어 가기로 한 공항 코 앞의 호텔에서 두 번째 나폴리를 만났다. 날이 밝으면 바로 소렌토로 이동해서 포지타노행 시타 SITA 버스를 타기로 했기 때문에, 이번에 나폴리는 자는 시간 말고는 밥 한 끼도 먹지 않는 짧은 머무름으로 과감히 제쳤다.

시내와는 거리가 꽤 있는 호텔 방에서 밤을 보내는 것만으로도 첫 번째 나폴리의 기억을 소환하기 충분했다. 첫 기억을 상기하는 일은 달다. 마치 와인 병을 딸 때 '뽁!' 하고 코르크 마개 뽑히는 소리가 들리는 것만 같다. 고심해 골라 사 가지고 온 와인 병을 끄르고 윤이 나는 포장지를 뜯어 내는 기분이다. 새것의 느낌이 충만한, 낯선 도시에 대한 처음의 기억. 생경하면서도 나를 위해 준비된 것만 같은 친근함. 모든 것에 대한 무한한 감사를 느끼는 첫 여행. 그때 당시에 실제로 어땠는지와는 상관 없이, 시간이 지나면서 안 좋았던 점은 희미해지고 좋았던 것들은 실제보다 더 부각되기 마련이다. 지나 버린 연애처럼.

지금까지 그 첫 모습이 충격적으로 아름답고 이색적이고 벅차지 않은 곳이 없었다. 그러나 나는 이러한 첫 번째 만남보다도 두 번째 여행을 훨씬 더 좋아한다. 별로라고 생각했던 점들이 한 번 더 보니 더 좋아지거나 또는 '맞아 이건 정말 별로였어'라고 되새기게 되는 만남, 세 번째 만남이 있을지 없을지를 결정짓는 만남이 바로 두 번째 여행이다. 두 번째 만남은 첫 번째 만남보다, 세 번째 만남보다 훨씬 더 중요하다.

Day 2.
June 25

포지타노 *Positano*

천국으로 향하는,
천 개의 굽이가 진 꼬부랑길을 넘어

전생에 착한 일을 얼마나 많이 하면 이번 생에 여기 올 수 있을까. 어딜 가도 황홀한 이탈리아이지만 완전히 다른 차원의 영롱함을 뽐내는 아말피 해안가를 찾으려면 그만큼 비현실적인 길을 따라가야 한다. 페르디난트 2세 Ferdinand II가 진두지휘하여 1852년 완공한, 사정없이 깎아지른 절벽을 굽이치는 40km 길이의 스트라다 스타탈레 163번 도로. 일명 '천 번의 굽이길'이다.

나폴리에서 소렌토로 이동하는 버스 여정은 즐거웠다. 함께 타고 있던 할아버지의 놀라운 안내가 한몫을 했다. 한국에서 왔다는 말에 본인도 한국에 몇 년간 살았었다고 하신다. 정확히 알아듣기엔 틀니에 부딪혀 나오는 할아버지의 이탈리아 억양 강한 영어 발음이 그리 좋지 않았고, 맨 앞 좌석에서 지르는 소리는 거의 맨 뒷좌석에 앉은 내게 다 전해오지도 않았다. 그럼에도 불구하고 할아버지는 한 번 더 목청을 높이셨다.

"포지타노 가?"

"네! 포지타노 가요!"

"소렌토 시타 버스 타면, 포지타노가 츰츰이야."

"네?"

"포지타노, 츰!츰!"

"종점이라고요?"

세상에. 예쁘다~ 안녕~ 캄사합니다~ 같은 통상적인 외국인들의 한국
말 뽐내기가 아니라 '종점'이라는 단어를 듣게 되다니. 예의상 말하는
'대단해요!'가 아니라 진심으로 깜짝 놀라 입을 다물지 못하는 반응에
할아버지는 무척 만족해하셨다. 한국인들처럼 한국말에 이렇게 잘 놀라
고 감탄하는 사람들도 없을 것이다. 우리가 프랑스에 가서 봉주르, 한다
고 그렇게까지 그들이 우리를 대견해하지 않고, 일본에 가서 곤니치와,
인사한다고 일본인들이 까무러치지는 않는데, 우리는 뉴욕에서, 베를린
에서, 아테네에서 가장 번화한 거리의 레스토랑 호객꾼들이 '안녕하세
요~ 배고파~' 하는 말에 그렇게도 잘 웃어 준다. 원래 여행지에서의 한
국말 한두 마디에 놀라는 편은 아니지만, '츰츰'에는 박수를 칠 수밖에

없었다.

소렌토에서부터는 멀미 유발로 악명 높은 시타 버스를 타고 포지타노로 이동한다. 흔들림 없는 승차감을 자랑하는 아빠 차에 익숙해져, 다른 차를 타면 10분 안에 여지없이 멀미를 시작한다. 시타 버스 탑승을 앞두고 잔뜩 드는 긴장은 당연했다. 하지만 아무 문제 없이 포지타노에 잘 도착했다. 며칠 후 같은 버스를 다시 탔을 때는 속이 몹시 메스꺼웠던 것으로 미루어 보아, 버스 자체의 흔들림이 아니라 사람들의 체취가 닫힌 공간에서 뒤섞여 멀미를 유발하는 것이 틀림없다고 결론지었다.

마을의 살아있는 장승들

나중에 알게 된 것이지만 내가 포지타노에서 가장 먼저 만난 동네 사람들은 이 길목에 눈이 오나 비가 오나 추우나 더우나 아침에도 밤에도 언제나 나와 있는 할아버지들이었다. 내가 어디를 찾아 온 건지 물어 용케도 호텔 주인이 지금 어느 카페에서 에스프레소를 홀짝이고 있는지 정확하게 알고는 그를 큰 소리로 불러 주셨다. 손님이 오면 할아버지들이 크게 소리 질러 줄 것을 미리 알았는지 페페는 곧바로 길 아래 카페에서 뛰어 올라온다. 몇 시쯤 도착할 것이라는 이메일만 주고 받은 이 호텔 주인을 나는 이유 없이 나이가 훨씬 더 많을 것이라 생각했었다. 성격 좋아 보이는, 남부 이탈리아노 특유의 느낌이 진하지 않은 젊은 얼굴은 낯설었다.

"안녕, 내가 페페야. 반가워. 가자."

이탈리아노치고는 무척 자연스러운, 그러나 이탈리아 억양이 충분히 묻어나는 영어로 자기 소개를 마치고 페페는 호텔로, 아니 자기 집으로 나를 안내했다. '라 카사 디 페페 La Casa di Peppe'는 페페가 나고 자란 집으로, 아름다운 부티크 호텔로 개조되어 운영 중이다. 내가 묵을 방은

원래 체육관이었고, 3층 스위트는 아버지의 서재, 다른 하나는 안방, 페
페 본인이 묵는 1층은 둘째 누나 방… 호텔로 치면 작은 부티크, 집이라
생각하면 으리으리한 맨션이다. 포지타노 앞바다가 한눈에 들어오는 환
상적인 뷰를 가진 이 집은 한때 마돈나의 의상 디자이너였던 어머니가
구입한 것이라고.

집이 너무 예뻐 감탄도 제대로 나오지 않아 눈만 휘둥그레져 구경 중인
내 앞에, 페페는 그리 크지 않은 동네의 지도를 펼쳐 놓고 가 볼 만한 곳
들에 동그라미를 그려 주었다. 아까 그 할아버지들이 있던 곳은 '그로토
gròtto●'라 한단다. 그리고 동네 사람들은 그곳을 '할아버지들이 모여 있
는 그로토'라고 부르니 공식적인 길 이름이나 번지수는 알 필요가 없다
는 것이다. 보수도 없이 매일 그렇게 출근 도장을 찍는 할아버지들은 이
른 새벽부터 밤 늦게까지 같은 자리에서 마을 사람들과 여행자들의 대
소사에 참견을 하신다고.

●
인공적으로 만든 작은 동굴. 이탈리아에서는 그로토에 작은 마리아 상을 모시는 등 종교적
인 목적으로 주로 사용한다. 지리에 익숙하지 않은 여행자들에게는 유용한 지표가 되어 주
기도 한다.

포지타노를 누비는 발걸음들은
모두 리드미컬해

나는 원체 방향 감각이 없어, 지도를 뚫어져라 보는 것보다는 여기저기 헤매며 몸이 고생하는 편이 훨씬 더 길눈을 밝히는 데 도움이 된다. 첫날엔 우선 나가야 한다. 어디를 여행하든지 첫째 날은 헤매며 다녀야 어디를 가 볼지, 어떤 길로 다녀야 할지 터득하게 되는 법이다. 하지만 막상 나가 보니 포지타노는 헤매는 것이 불가능할 정도로 작은 마을이었다. 짐작은 했지만 정말 작다. 여기에서 저기까지 가는 길은 딱 하나, 해변까지 가는 계단은 이거 하나, 이런 식이다.

스타인벡은 포지타노의 계단이 너무 가팔라서 계단이 절벽에 조각된 것만 같다고, 어떤 계단은 마치 사다리처럼 경사가 심해 여기 사람들은 친구 집에 놀러 갈 때면 걸어가는 것이 아니라 암벽 등반을 하거나 미끄러져 가야 한다고 말했다. 그냥 걸어 다닐 수 없는 것은 분명하다. 나는 여기 머무르는 동안 그 날의 기분, 날씨, 입고 있는 옷 등 사소한 이유에 따라 속도와 보폭을 달리하며 길 위에서 산드러지게 총총 뛰거나 통통 튀어 다녔다.

수직으로 쏟아지는 빨주노초파남보

'빛깔이 나를 갖는다. 색채와 나는 하나가 되었다'라 말했던 화가 파울 클레 Paul Klee는 포지타노가 세상에서 유일하게 수평축이 아닌 수직축으로 만들어진 곳이라 했다. 입이 떡 벌어지는 로마의 판테온과 콜로세움, 밀라노와 피렌체의 두오모와 같이 수천 년 동안의 비바람에도 끄떡없어 참 견고하고 위엄 있게도 만들었다 생각했던 이탈리아의 다른 여러 건축물과는 다르게, 포지타노의 집들은 과연 클레의 말대로 누군가 뒤에서 톡, 치면 와르르 쏟아질 것만 같이 위태롭게 겹겹이 쌓여 있다. 전정 기관이 남달리 발달했던 건축가의 솜씨였을 것이다.

끈적한 상아색 소스가 뚝뚝 떨어지는 까르보나라 파스타를 먹었고, 피렌체 두오모에 올라 수많은 붉은 지붕들을 보았고, 감색, 곤색 팬츠와 핑크색 자켓을 매치할 수 있는 나폴리탄 수트 센스에 감탄하였지만, 무엇보다 이탈리아는 내게 진한 커피물이 든 나라였다. 그 고소한 밤색 말고는 다른 색을 떠올릴 수 없었다. 그러나 포지타노의 알록달록한 색채를 하나씩 분별하기 시작하며 이탈리아는 별안간 총천연색의 만화경이 되었다. 각각의 색은 압도적인 전체에 묻히지 않았고, 한걸음 뒤로 물러서서 바라보면 더욱 곧잘 어우러지는 것이 진기했다.

포지타노가
무지개를 보여 주었다.
그 일곱 빛깔을 전부 보여 주니
답례로 마음을 다 내어 주는 것은
어쩔 수 없다.

Day 3。
June 26

포지타노 *Positano*

남부 투어 하지 말아요, 제발

들린다. 수많은 현지 여행사들의 원성이 들린다. 이미 남부 투어를 다녀온 사람들의 '난 좋았는데 왜?'라는 물음이 들린다. 아말피 해안가에 오밀조밀 모여 있는 마을들 중 몇 개만 골라 보는 데 그리 오래 걸릴 이유가 없다는 생각에, 그리고 10분씩만 머물러도 예쁜 모습을 많이 볼 수 있기 때문에 사람들은 카프리, 아말피, 소렌토, 포지타노를 반나절 만에 모두 보고 돌아와 알찬 남부 여행을 했다 생각한다. 물론 다음에 꼭 한 번 더 오리라는 다짐과 함께.

거칠게 휘도는 스트라다 스타탈레 163번 도로를 달리던 버스가 멈추어 사진을 찍으라는 곳에 잠시 내렸다가, 여기가 포지타노 바다예요! 하는 곳에서 찰나의 일광욕. 그리곤 다시 가이드의 깃발이나 우산을 찾아 모여 서로 기념사진을 찍어 주고는 버스에 오른다. 이 해변의 이름은 스피아지아 그란데 Spiaggia Grande. 제일 큰 해변이니 포지타노를 대표하는 해변이라 당연하게 짐작할 그곳이 사실은 가장 예쁘지 않아 동네 사람들은 안 가는 해변이라는 사실은 가이드가 말해 주지 않았을 것이다.

알고 있다. 빠듯하게 시간을 내서 온 이탈리아 여행이라는 것을. 언제 또 다시 올지 몰라 밀라노, 베네치아, 피렌체, 로마, 나폴리를 6박 7일 일정에 맞추고 그중 반나절의 남부 투어를 고민 끝에 욱여넣었다는 것을. 그러나 외국인이 KTX를 타고 우리나라 전국 일주를 일주일 만에 하겠다며 해운대에서 딱 30분만 있다가 일어서는 것을 상상해 보라. 안타까워하지 않을 수 있는지? 차라리 오지 말고 다음번에 부산만 따로 찾으라 말할 수밖에 없는 것과 같다.

한 동네에서 하룻밤만 보냈어도 분명 모든 것이 달라졌을 것이다. 남은 일정을 모두 취소하고 눌러 앉았을 사람들도 있을 것이다. 오래 머물러야 할 여행지는 절대 그 크기로 가늠할 수 없다. 먹고, 마시고, 수영하고, 웃어 보고, 울어 보고, 현지 사람들과 이야기하는 것을 다섯 번은 반복해야 알 수 있다. 다섯 번.

빨래처럼 바싹 마른다

스피아지아 그란데를 무참히 깎아내렸지만 사실 '포지타노'라고 포털 사이트에 검색하면 가장 먼저 보이는 사진이 바로 그란데에서 배를 타고 나아가 뒤를 홱 돌아보면 볼 수 있는 모습을 담은 것이다. 사진 찍기에는 명당일지 몰라도, 태닝을 하거나 물장구를 치기엔 영 아니라는 입장을 고수한다. 선베드도 가장 비쌀뿐더러 7, 8월 성수기에는 한 자리 잡기도 힘들기 때문이다.

비치 타월을 장만하고, 밀짚 모자와 선글라스, 책 한 권을 안아 들고는, 호텔 바로 앞의 포르닐로 Fornillo 해변으로 향했다. 태닝을 할 결심을 단단히 하고 온 터라 선블록은 바르지 않았다. 알람도 맞춰 놓지 않고 나른함에 항복하여 졸다 깨다가 일어나 시원한 음료 한 모금 마시고 책도 몇 장 뒤적이고 생각나는 단어들을 흘려 적으며, 이탈리아 남부 태양을 온 몸으로 받아 냈다.

이 동네의 작열하는 태양은 우리네 그것과는 판이하다. 숨을 크게 들이마시면 물 분자가 공기와 함께 흡입되어 입 천장에 엉겨 붙는 듯 눅눅하고 습도 높은 한국의 여름과는 완전히 다르다. 들뜬 목소리로 '오늘은 빨래를 바깥에 널어야겠다' 하고 외치게 만드는, 더워서 땀이 나도 그 땀방울조차 순식간에 말려 버리는 습도 제로의 볕이다.

햇살, 햇빛, 햇볕이라는 단어에는
제각각의 느낌이 있다. 포지타노와는
'태양'이 가장 잘 어울린다.
보송하게 마르는 빨래가 되어
앞뒤로 살균되는 것 마냥
이 태양 아래 누워 여름 독서를
하는 것은 최고, 최고다.

이탈리안 DNA

아직 한여름이 아니라 밤이 되면 소슬하니 찬 바람이 분다. 다음 여행지
가 이비자*였기 때문에 포지타노에서는 해가 떨어지면 저녁 식사만 하
고 야한을 피해 들어와 호텔 로비에 있는 큰 테이블에 앉아 그리스 섬
여행기 「그리스 블루스」, 2014 원고를 마무리할 계획이었다. 돌이켜 보아도 포지
타노의 밤을 포기한 것은 잘한 결정이었다. 이비자에서는 함께 클럽과
바를 전전할 일행이 있었으나 포지타노에서는 혼자였으니. 혼자 여행을
하면서 밥을 먹는 것도, 명소에서 줄을 서는 것도, 사진을 찍는 것도 전
혀 두려울 것도 거리낄 것도 없는데, 나이트라이프를 즐기는 것은 영 내
키지 않는다.

이날 밤도 여지없이 타닥타닥 타이핑을 하고 있는데 3층 복도에서 호텔
이 떠나가라 누군가 소리를 지른다. 소란의 주인공 — 휴가차 포지타노에
놀러 온 뉴욕의 유명 잡지 편집장이 만취하여 인사불성이 되어 소란을 피우기
시작한 것이었다 — 은 곧 로비까지 굴러 내려왔다. 몇 번은 꼬이고 뒤틀린
혀로 알아들을 수 없는 말을 하다가 몸을 가누지 못하고 쿵, 하고 쓰러졌

•
스페인 발레아레스 제도에 위치한 세계 최고의 유흥의 섬. 아름다운 해변과 이름난 클럽들
로 가득하다.

고, 페페가 얼른 나타나 상황을 정리하고는 나를 살폈다. 놀러 와서는 왜 일만 하냐는 물음에 낮에 실컷 놀았다고 답을 했지만 포지타노의 밤을 즐길 생각이 전혀 없는 내 태도가 아무래도 그의 마음에 설찬 듯했다.

"너 무슨 일하는데?"
"여행작가."
"여행작가! 세상에서 제일 좋은 일을 하는구나. 놀랐을 텐데 바람 쐬러 나가자. 동네 사람들도 소개시켜 줄게."

어지간해서는 여행지에서 친구를 잘 만들지 않는데, 어쩐지 거부감이 들지 않아 OK를 외치고 노트북을 덮었다. 여행 중 이렇게 누군가 말을 걸거나 도움을 자청할 때면 항상 그 순간의 직감을 따른다. 길 위에서 좋은 사람을 만나게 되는 것은 타이밍도, 운도 따라 줘야 하지만 기회를 놓치지 않고 내민 손을 잡는 용기도 필요하다. 여행 중에는 많은 이들이 그렇듯 나도 몇 배는 더 용감해진다. 대부분의 경우에는 거절을 하거나 대꾸를 하지 않는다. 우연히 그렇게 되는 경우가 간혹 있다면 상관 없다는 주의지만, 새로운 곳에서 새로운 사람을 만나는 것을 여행의 목적이

나 즐거움으로 꼽지 않는다. 여행하는 동안에는 몰랐던 내 모습을 발견하고 그것과 친해지는 데에도 시간이 부족해서 그런지, 그냥 낯을 좀 가리는 편인지, 아무튼 그리 내키지 않는다.

서로 네 직업이 세계 최고네 아니네 하며 주차장으로 내려와 베스파 앞에 섰다. 베스파! 오드리 헵번이 〈로마의 휴일〉에서 타고 달리던, 이탈리아 여행을 꿈꾸는 많은 사람들의 로망이다. 첫 베스파 탑승이라니. 나폴리에서는 일곱 살배기가 스쿠터를 혼자 몰고 다닌다고 하니 처음 타본다는 우물쭈물한 내 고백을 반만 믿는 눈치였다. 헵번보다는 훨씬 더 무게가 나가겠지만, 그래도 내가 탄다 해서 무너질 것같이 연약해 보이지는 않았다. 베스파를 타고 불과 두세 시간 전에 걸어 올라온 길을 다른 속도로 내려오는데, 전혀 다른 길을 달리는 것만 같았다. 아무도 나를 몰라 투명인간처럼 그냥 지나치는 일도, 누구에게나 건네는 '차오 벨라'도 없었다. 스쿠터를, 자전거를, 자동차를 멈추고, 하던 일을 멈추고, 식사를 멈추고, 정겹게 이름을 부르고 볼에 입을 맞추며 모두가 인사를 나눈다. '너 페페네 묵는구나!' '우리 식당에도 놀러 와!' '언제까지 있을 거니?' '우리 가게 안 오고 어딜 가서 저녁을 먹으려는 거야!' 등등, 친하지 않으면 할 수 없는 이야기들이 탁구공처럼 빠르게 오고 간다. 친

지들이 모두 포지타노에서 오래전부터 살아 왔고 지역의회에서도 활동
이 활발해, 마을 사람 전부와 가족처럼 친한 페페의 별명도 '시장님'이
란다. 그 짧은 길을 내려가면서 시장님 소리를 열 번도 더 듣고, 내 소개
를 스무 번은 더 했다. 동네 토박이들과 악수를 한 번씩 할 때마다 포지
타노와 급격히 친해지는 기분은 신기하고 또 좋았다.

시내 초입에 베스파를 세우고 해변가로 걸어 내려가며 물리니 가 Via
Mulini에 위치한, 지금은 호텔이 된 무랏 성 Palazo Murat 건물을 지났다.
1808년, 당시 나폴리의 왕 지오아치노 무랏 Gioacchino Murat이 포지타노와
사랑에 빠져 세운 성이다.

"지금 이 호텔에 도착하는 저 사람들, 포지타노에서 제일 비싼 호텔에
들어가면서 플라스틱 캐리어를 가지고 왔어. 재미있는 사람들이네."

아무 생각 없이 이탈리아 사람들이 던지는 말은 참 재미있다. '이런 건
타고 나는 거구나' 싶은 순간들이 이렇게 예고 없이 찾아온다. 5성급 호
텔과 플라스틱 캐리어는 같은 문장에 사용할 수 없는 것처럼, 안 어울리
는 자켓과 스커트를 입으면 신기하게 쳐다보는 눈길과 두꺼운 미국 체

인점 피자 도우에는 손도 대지 않는 모습에서 이탈리안 DNA를 체감한다. 이탈리아노이기 때문에 본능적으로 발동하는 이런 모습은 이방인에게는 그저 유쾌하다.

"그럼 부티크 호텔에 천으로 된 캐리어 들고 가는 건 괜찮고?"
"넌 다 괜찮아."
"너넨 학교에서 남학생들한테 이런 걸 따로 가르치니?"

반사적으로, 본능적으로, 이탈리아노의 입에서 나오는 말들의 목적은 전부 하나다. 그녀가 누구이든, 내 앞의 여자를 웃게 하는 것.

첫 대화의 충분조건: 칵테일과 축구

카페가 아니라 바에 가서 뭐 마실까, 하고 물으면 술은 잘하지도 못하고 알지도 못하는 나는 뭐라 대답해야 할지 잘 모르겠다. 시켜 놓고 입술만 축일 레드 와인, 아니면 아무거나. 이탈리아에서 여름에 가장 잘 팔리는 스프리츠는 마셔 봤냐는 물음에 고개를 절레절레. 마셔 보라는 권유에 끄덕끄덕. 오늘 나는 뭐든지 다 OK 하는 기분인가 봐. 대신 많이 약하게. 스프리츠는 베네치아에서 유래한, 주로 식전에 마시는 오렌지 빛의 청량한 칵테일이다. 오스트리아 제국이 베네치아를 지배했을 때 만들어졌기 때문에 화이트 와인과 소다수를 1대 1로 넣어 만드는 오스트리아 스프리처와 매우 비슷하고 이름도 둘 다 'splash 물보라', 'sparkling 빛나는'이라는 뜻이다. 이탈리아 스프리츠는 프로세코에 아페롤이나 캄파리와 같이 쓴 리큐르, 그리고 약간의 탄산수로 만든다. 보글보글 프로세코 거품이 입 안에서 톡톡 튀는 달콤쌉싸름한 맛이 여름 밤과 무척 잘 어울린다. 그리고는 자연스럽게, 우리는 처음 만난 두 사람이 대화를 할 때 그러하듯 여태까지 무엇을 했으며 어디에서 살았는지, 지금은 뭘 하는지, 앞으로는 무얼 하고 싶은지, 좋아하는 것, 싫어하는 것, 가족, 친구, 애완동물에 대해 이야기하고, 서로 친구가 될 수 있는지, 오늘만 잠깐 떠들고 앞으로는 둘이 시간을 보내지 않고 싶은지, 여행을 마치고도 연락을 주고

받을 정도로 친해지고 싶은지를 가늠하는 대화를 시작했다.

"풋볼!"

축구 이야기에 눈이 반짝이는 나를 그는 놓치지 않았다.

"나폴리 팬이야?"
"유벤투스."
"남부 사람들은 전부 나폴리 팬인 줄 알았는데."
"대부분 그렇지. 열네 살 때까지는 나도 나폴리의 팬이었는데, 엄마 쪽 친척들이 모두 유벤투스 팬이라 팀을 바꾸라고 종용했지. 끝끝내 말을 안 들으니까 하루는 방에 가둬 놓고 종일 협박을 하길래 넘어갔어."

그래도 축구를 온 가족이 함께 보는 게 어디니. 우리 가족 중 축구 좋아 하는 사람은 나뿐이다. 언젠가 아빠가 날을 잡고 야구 보는 법을 알려 준다고, 많이 알수록 더 재미있는 스포츠라며 한 경기를 함께 보자고 했었는데, 영겁 같았던 1회초가 끝나고 광고가 시작되자 내가 물었다.

"이제 1회초가 끝났으면 1회말만 남은 건가요? 경기 반이 벌써 끝?"
"아니, 9회까지 해야지. 연장으로 끝도 없이 할 수도 있어."
"… 나 안 봐."

야구와 나의 인연은 딱 거기까지였다. 축구에 대한 열정을 스프리츠 몇 모금에 걸쳐 짧게나마 쏟아 내다가 볼이 발그레해지기 전에 잔을 내려놓고 대화를 끊었다. 플라스틱 캐리어를 펼치고 수백 유로짜리 테라스에서 포지타노 제일가는 야경을 감상하고 있을 여행객들이 묵는 무랏궁전을 다시 한 번 지나, 불을 끄고 잠들어 있는 호텔에 도착했다.

Day 4。
June 27

아말피 *A m a l f i*

파를라 이딸리아노?

이탈리아 사람들이 정오가 지나면 우유가 들어간 커피는 마시지 않는 것처럼, 해가 중천에 뜨기 전까지 나는 빵순이다. 여름에는 정오가 지나면 탄수화물은 자제한다. 아침에 탄수화물 섭취를 잔뜩 해 놓고 죄책감으로 점심과 저녁을 절식하는, 정신 건강을 옥죄는 매우 바람직하지 못한 식습관 덕분에 호텔 조식은 늘 풍성하다. 빵 사이에 사과며 포도며 알록달록 과일들도 놓았다.

싱싱한 과일을 아사삭 소리를 내며 베어 무는 기분은 수영하기에 적당히 시원한 온도의 바닷물에 뛰어드는 것, 혹은 수건이 필요 없을 정도로 바싹 물기를 말려 주는 햇빛 아래 서 있는 것과 동급이다. 관대한 자연이 주는 수혜를 최대한으로 누리는 기분이다. 과일 바구니에서 가장 먼저 집어 든 사과가 흠이 난 곳 하나 없이 매끈할 때, 세상을 다 가진 것만 같다.

"본 조르노!"

페페가 잘 잤냐고 아침 인사를 건넨다. 어제의 그 시끄러운 치가 술을
더 마시고 밖으로 나갔다가 다른 호텔 정원에서 잠이 들어 새벽 비행기
를 놓치고 또 한 번 소동을 부리는 바람에 본인은 한숨도 못 잤단다. '포
지타노이기에 망정이지, 나폴리였으면 총 맞았을 거야.' 하고 덧붙이며.
이탈리아어로 건네는 인사말에는 백 번이면 백 번 전부 웃음 짓게 된다.
짧은 네 음절의 인사는 점점 크레센도를 그리며 커지는 볼륨과 함께 오
르락내리락하는 박자를 탄다.

"굿 모닝!"
"에이, 본 조르노~ 해야지."

봉주르도, 구텐탁도, 칼리메라도 곧잘 따라했는데 본 조르노는 쉽지가
않다. 모르는 사람들 앞에서 큰 소리로 노래를 하는 것만 같다. 이방인
들은 이탈리아어가 노래 같다는 말을 종종 한다. '배추 세 단이요!'가 오
페라 아리아로 들리고, '오늘 날씨는?' '응, 어제보다는 좀 덥대.' 하는

일상 대화는 칸타타 같다.

이탈리아어로 대화하면서 수줍을 수는 없다. 끝을 흐리는 봉주르는 작은 목소리로 읊어 볼 수 있어도, 모든 모음을 분명하게 발음하는 본 조르노는 선뜻 시도하기가 어려웠다. 성인이 되고 나서 새로운 언어를 원어민 수준으로 익힐 일은 없겠지만, 만약 그럴 일이 생긴다면 내가 그 언어를 모국어로 사용하는 사람과 사랑에 빠진다는 전제가 있어야 할 것이다. 이탈리아노와 사랑에 빠질 일이 없다면 나에겐 이탈리아어는 영원히 노랫말처럼 들리겠지. 완벽한 이탈리아어를 구사하는 것도, 모든 말을 가락처럼 듣는 것도, 이쪽 저쪽 모두 좋다. 이쪽 저쪽 좋은 거, 흔치 않은 일인데.

나를 보내주기 싫어하는
포지타노의 바다

통통배보다는 크고 여객선보다는 작은 배를 타고 아말피로 간다. 바다 수영을 하듯 배는 앞으로 나아가다 물살에 뒤로 살짝 밀린다.

"아말피 한 명이요."
"편도? 아니지? 다시 올 거지?"

빈말이라도, 장삿속이라도 좋다. 한마디를 해도 하루 종일 기분이 좋을 말을 건네는 이탈리아노는 선착장 매표소에도 어김없이 있다. 파리 센느 강에서 바토 무슈를 타면 다른 배의 사람들이나 강가를 걷는 사람들을 보고 살짝 손을 흔들어 인사를 하는데, 아말피 해안가에서는 배들이 서로 마주치면 휘파람을 불고 환호성을 지른다. 배를 타고 해안가에서 멀어질 때 포지타노의 가장 예쁜 면면들이 튀어나와 마지막까지 배웅을 해 주니, 너도 날 보내기 아쉽구나 하는 착각에 빠지게 된다. 보이지 않을 때까지 그곳에서 진심으로 배웅을 해 준다. 마찬가지로 다시 포지타노로 돌아가는 배를 타고 점점 선착장을 향해 가면 버선발로 뛰쳐나와 있는 것만 같은, 내가 떠난 후로 아무것도 하지 못하고 그 자리에서 기다렸던 것만 같다. '뭐 하러 더운데 이렇게 나와 있었니' 하며 내리게 된다.

사랑하는 그녀의 이름을 붙였다,
아말피

'아말피Amalfi'라는 이름을 가진 님프와 사랑에 빠진 헤라클레스는 그녀가 죽자 세상에서 가장 아름다운 땅에 님프를 묻고 그곳에 그녀의 이름을 붙였다. 여기가 바로 세상에서 가장 힘이 셌던 장사가 온 마음을 다해 사랑했던 님프가 영면을 취하는 곳이다.

포지타노에 현실성을 한 겹 씌우면 아말피가 된다. 슈퍼마켓도 한 개 이상이고 관광객도 훨씬 많다. 호텔, 호스텔, 펜시오네 간판이 보인다. 편의성이 더해진 대신 사람들의 얼굴 속 미소가 아주 살짝 옅다.

성당에 올라 바로 전날 있었던 성 안드레아 축제Festa di Sant'Andrea의 여운이 남은 시가지를 둘러보고, 딱히 할 일이 없으면 당연히 먹는 걸로 알고 두 발이 젤라테리아를 향한다. 아무리 소문난 맛집이라도 원조만 못하다는 것은 불변의 진리. 이탈리아 젤라또를 맛보면 사람들이 왜 그리 원조에 집착하는지 알 수 있다. 신당동 떡볶이도 '원조', '진짜 원조', '정말 완전 진짜 대박 원조' 하고 그 수식이 끝없이 이어지는데, 젤라테리아에도 아티산Artisan, 장인 표시가 붙어 있는 곳은 그 자부심이 아르바이트생의 얼굴에까지 묻어 있다.

말쑥한 양복 차림의 회사원들이 빠르게 녹아 내리는 젤라또를 방울방울 떨어뜨리며 고개를 이리저리 꺾고 핥고 이따금씩 소매 자락과 넥타이에

묻은 것을 닦는 모습을 보았다. 일반적인 아이스크림보다 유지방이 덜 포함되어 있어 더 빨리 녹는 젤라또는 집중해서 먹어야 한다. 그래서 오로지 젤라또에만 모든 감각을 집중하여 열심히 먹었다. 다 먹고 어디를 갈 것인지, 다음번엔 어떤 맛을 시켜 볼지, 포지타노행 마지막 보트는 몇 시에 있는지, 모두 잊는다. 그저 맛있다는 생각뿐이다. 옆 면은 녹았나? 콘을 돌려 볼까? 맛있다, 참 맛있다, 그뿐이다.

어디 앉을래?

아말피에도 계단이 많다. 고개를 돌리면 어디에 눈길이 닿아도 무척 색다른 장면이 펼쳐지는 구석들도 많다. 성당 계단을 오르는 데 한참이 걸렸다. 자꾸 멈추어서 옆 건물 베란다의 화분도 구경하고, 빨랫줄도 흘깃 보고, 계단에서 책을 읽거나 샌드위치를 베어 무는 사람들도 보고. 아말피를 여행하는 사람들이 찍은 사진은 그래서 제각기다. 수없이 많은 각도와 눈높이를 허용해 주는 도시는 참 좋다. 어디에 앉을지 고민해야 하고, 이내 자리를 바꾸어 다른 곳에 가서 앉아 보는, 엉덩이가 쉴 틈이 없는 아말피였다.

기념품에 대한 개인적인 취향

제지 산업 발달지인 아말피는 밤바기나Bambagina라 부르는 수제 고급 종
이로 유명하다. 시내에 종이 박물관도 있고, 두꺼운 양질의 종이 위에
그림을 그리거나 글귀를 써 만든 기념품도 많다. 책을 좋아하는 친구 둘
이 생일을 맞았기에 아말피에서 선물을 골라 보기로 했다.

도대체 왜 열쇠고리 같은 쓸데없는 기념품을 사는지 모르겠다는 생각으
로 엽서 한 장 사오지 않았던 여행을 몇 년 하다가, 어쩌다 한 번 사 간
1유로짜리 싸구려 에펠탑 열쇠고리를 나누어 주고는 기념품에 대한 생
각이 바뀌었다.

다른 사람들보다 여행을 자주 다니고, 또 일 때문에 하는 여행이 잦다
보니 나는 그 작은 열쇠고리에 담겨 있는 낭만과 추억의 크기를 얕잡
아 보았다. 달랑거리는 5cm 크기의 작은 에펠을 볼 때마다 언젠간 여기
에 꼭 직접 올라가 보겠다는 다짐과, 몇 년 전 직접 보고 감격하여 눈물
이 났던 센느 강 야경의 추억이 밀려 오는 기분을 잊었던 것이다. 작은
몸집 안에 어마어마한 크기의 감정을 담을 수 있는 기념품의 능력을 깨
달은 후에는 사소한 것이라도 꼭 챙기게 되었다. 특히 책갈피를 즐겨 산
다. 책을 열고 닫을 때마다 여행지에 대한 상상과 꿈, 기대와 추억이 무
한대로 쏟아져 나온다. 이스탄불에서는 양탄자 무늬로 수를 놓은 천으

로 된 책갈피를, 프라하에서는 카프카 소설의 한 구절을 까를교 그림 위에 새긴 책갈피를 샀었다. 그리고 아말피에서는 레몬과 커피 그림이 그려진 도톰한 수제 종이 책갈피 여러 개를 집어 들었다. 몇 번이나 '이번엔 반드시 끝까지 읽고 말 거야' 다짐하지만 끝내 마지막 장은 넘기지 못하는 고전 사이에 곧 자리 잡겠지.

Day 5。
June 28

소렌토 *Sorrento*

새콤한 레몬과 시큼한 쉰내의 간극

소렌토로는 버스를 타고 갔다. 유럽에 아무리 자주 와도 적응할 수 없는 것은 동네마다 다른 버스 표 구입처다. 포지타노에서는 버스 표를 정류장 근처 카페에서 판매하는데, 이 카페에서 표를 파는지 안 파는지, 오늘 버스 운행이 어떤지는 들어가서 물어 봐야 알 수 있다. 첫 번째 이탈리아 여행에서는 주차권 자동판매기가 버스 표 판매 기계인 줄로 알고 일일 주차권을 뽑은 적도 있다. 포지타노를 사랑했던 또 한 명의 미술가 에드 비트슈타인 Ed Wittstein 의 작품이 별다른 소개 없이 소박하게 걸려 있는 카페 몇 개를 지나 오르막길을 걸었다. 숨이 차 '쉬었다 갈까', 생각이 들 때쯤 정류장 바로 앞에 있는 허름한 카페가 나타난다. 여기에서 소렌토행 시타 버스 표를 산다.

문제없이 탔던 첫 시타 버스와는 정반대로, 미어터지는 이 날의 버스는 이른 오전인데도 쉰내가 진동을 했다. 사과, 토스트, 커피 순서대로 아침 식사가 식도를 역주행할 것만 같았다. 황급히 화장품 파우치를 열어 다 써 가는 향수 샘플을 찾아 인중에 비벼 대고, 빡빡한 창문을 낑낑대며 손가락 하나 들어갈 정도로 겨우 열어서 산소 주입을 해 가며 소렌토까지 버텼다. 체취가 잘 맞는 사람끼리 친하게 지내게 된다고 하더라. 실제로 고유의 냄새가 진해도 역하지 않고 포근하고 좋은 사람이 있고, 향수 냄새 비슷한 좋은 향기가 나더라도 왠지 모르게 머리가 지끈거리는 사람도 있으니 맞는 말 같다. 소렌토 가는 버스에는 나와 친해질 일이 없는 사람들이 잔뜩 타고 있었다.

어디서나 바쁜 나의 포크

'상감 장식을 한 목재의 마을 Town of Inlaid Wood'이라는 표지판이 보이면 소렌토에 도착한 것이다. 버스 정류장에서 몇 걸음 떨어지지 않은 곳에 해변이 있어 해수욕을 하는 사람들이 가장 먼저 보이고, 넓은 시가지가 관광객들을 희석시키니 벌써 아말피보다 조금 더 마음에 든다.

아말피 해안가 어느 동네에서도 쉽게 볼 수 있는 레몬 케이크 delizie al limóne 와 젤라또를 주문했다. 아말피 해안가를 대표하는 특산물을 꼽으라면 단연 레몬이다. 폼페이 벽화로 미루어 보아 서기 1세기부터 재배되었을 것으로 짐작되는 소렌토 레몬은 달걀과 타조알의 중간 정도로 큼직하고, 씨가 많지 않으며, 눈부신 노란색에 우둘투둘하고 얇은 껍질이 특징이다. PGI라는 인증을 받아 지정된 지역 내에서만 재배할 수 있고, 중량이 80그램 이상인 것만 소렌토 레몬이라는 상표를 달고 판매할 수 있다. 질 좋은 레몬으로 소렌토 사람들은 술도 빚고, 비누, 향수, 화장품, 젤라또, 각종 디저트를 만든다.

가장 잘 팔리는 케이크는 바로 이 델리지에이다. 여러 카페에서는 델리지에를 붑 boob이라 부른다. 여자 가슴과 비슷하게 생긴 모양새 때문이라는데, 인기가 많다 보니 30초에 한 번은 '가슴 하나 주세요', '두 개 주세요' 하는 소리를 듣게 된다. 두 명이 덤벼도 남길 양을 식사도 않고 먹으

려니 입이 달다. 하루 종일 아메리카노만 마시며 컴퓨터 앞에 앉아 있다 갑자기 새콤한 레몬을 매일같이 먹으려니 몸의 적응도 더디다. 하지만 의사 선생님이 허락해 준 대식이라는 정당한 변명으로 계속해서 포크를 놀렸다. 여행 전 급격히 치솟던 식욕에 평소 몸이 안 좋으면 찾던 한의 원으로 가 '저 요즘 왜 이렇게 먹나요' 하고 물었다.

"마음이 허해서 그래요, 계속 먹어. 지금 먹는 거 말고 딱히 스트레스 풀 거나 정 붙일 다른 거 있어?"
"…아니요." "그럼 계속 먹어요."

내 마음 상태에 맞추어 때로는 영양학적 이론과 딱 들어맞지는 않는 처방을 내려 주는 명의시다. 레몬 맛 가슴을 쿡쿡 찌르며 선생님의 말이 떠올라 웃었다. 타지에서는 언제나 한국에 있는 사람들 생각이 자주 난다. 막상 한국에 있을 때는 살갑게 챙기지도 못하면서. 객지면식이 일이 랍시고 비행기를 열 시간 넘게 타고 도착한 낯선 곳을 떠돌아다니고 있노라면 그 사람들 입에 레몬 케이크를 떠 먹여 주고 싶은 마음이 간절한 순간이 많다.

세상의 모든 곳을 여행한 사람도
이런 바다는 본 적이 없어.
여기 인어들을 봐요,
당신을 보고 놀라 눈을 뗄 줄 모르고
너무나 사랑한다.
입을 맞추고 싶다 하는데
그대는 '나는 떠나요, 안녕'이라 말하네

° '돌아오라 소렌토로 Torna A Surriento' 中

사랑과 음악의 상관관계

소렌토로 오던 버스의 쉰내에 절어 버린 폐를 레몬 향으로 환기시키고 있는데, 왁자지껄한 말 소리와 레스토랑 아코디언 악사들의 흥겨운 곡조 사이로 잔잔한 바이올린 연주가 손짓을 한다. 음악이 나를 부르는 기분은 무어라 해야 좋을지 오래 고민했지만 아직도 적절한 표현을 찾지 못했다. 아무리 시끄러워도 단박에 알아들을 수 있는 가장 좋아하는 노래, 처음 듣는 악기 소리인데도 귀 기울이게 되는 가락, 안개가 잔뜩 낀 듯한 기분을 위로하듯 흐느끼는 무명 가수의 처연한 목소리는, 눈에 보이지 않지만 내가 알아차릴 때까지 이리 오라 마구 손을 흔든다.

바이올린 소리로 찾아간 작은 정원에서는 결혼식이 열리고 있었다. 눈을 감고 정성스레 바이올린을 켜는 연주자와, 나란히 서서 평생 가장 행복할 순간을 맞이하는 두 사람을 밖에서 잠시 바라보다 이내 돌아섰다. 출입문은 없었지만 딱 거기 모인 하객 수에 맞춰 연주를 하는 듯하여, 그 공간에 초대된 사람들만 공감하는 순간이어야 할 것 같았다. 몇 골목을 돌다 식을 마치고 시내를 거니는 신랑과 신부를 마주치게 되어 '축하해요' 인사를 건넸다. 악사가 뒤따라 걸으며 연주를 하고 있었는데, 아까 정원에서는 모두가 숨을 참고 보는 듯 바이올린 소리밖에 안 들리더니 지금은 신랑, 신부와 하객들의 웃음 소리가 소렌토 모든 골목을 메운다.

Day 6。
June 29

라벨로 *Ravello*

레몬 사탕을 먹고 나서는
이를 잘 닦아야 해

아, 이제 멀미가 날 것 같다 싶으면 찐덕한 레몬즙을 가득 채워 넣은 레몬 캔디를 하나 입에 밀어 넣고 꽉 깨문다. 귀 뒤에 스티커를 붙인다거나 알약을 삼키는 것보다 훨씬 효과가 좋다. 레몬과 설탕의 배합이 완벽해 하나만 먹어도 충분하고, 여러 개를 먹어도 질리지 않는다. 타고난 복 중 하나라는 건강한 치아가 없어서 어릴 때부터 치과를 자주 갔는데도 달달한 군것질은 끊을 수가 없다. 끼니는 걸러도 초콜릿은 한 조각씩 꼬박 챙겨 먹는다.

나이를 먹으면서 엄마와 나누는 대화 주제 중 '어릴 적 내 모습'이 부쩍 늘었다. 내 기억 속에는 무척 흐리고 엄마 기억 속에는 어제처럼 생생한 이야기들을 듣는다. 학교에서, 사회에서 있었던 일들을 한 아름 들고 와 집에서 풀어 놓으면 엄마는 아무리 사소한 것이라도 세상에서 가장 흥미롭고 또 중요한 일처럼 귀 기울여 들어 주셨다. 그런 엄마가 가장 신이 나서 해 주시는 얘기는 내 어렸을 적 이

야기다. 귀여운 일화보다도 창피한 이야기들이 더 많지. 그 중 남부끄러워 남들에게 얘기하지 못한 이야기 중 하나가 바로 하루 종일 동네 치과들을 순회했던 것이다. 충치가 생겼는데 치과 치료가 너무 무서워 선생님이 상태를 보려고 벌린 입 안에 손을 가까이 가져오면 왁! 하고 달려들어 깨물었다는 것이다. 간호사들이 달려들어 손발을 붙들어도 어떻게든 용을 써서 선생님 손을 깨물려 하는 바람에 두어 시간 몸싸움을 하다 포기하고 이제 그만 가시라, 하면 그 다음 치과를, 그 다음 치과를 전전하다 결국 내가 힘이 다 빠져 지쳤을 무렵 겨우 치료를 했다는 것이다. 유치원 다니던 시절의 이야기라 그저 '참 많이도 애를 먹였구나' 하고 넘기지만 지금은 아무리 무서워도 의사 선생님 손을 깨물며 치료를 거부할 수는 없으니, 사탕을 물며 '점심 먹고 얼른 이를 닦아야지' 생각했다.

반대가 끌리는 이유

아말피에서 버스를 타고 내륙으로 좀 더 들어가야 나타나는 작은 동네 라벨로는 아말피 해안가에서 가장 비밀스럽고 신비로운 분위기를 풍긴다. 버지니아 울프, 험프리 보가트, 재클린 케네디, 노엘 갤러거, 트루먼 카포티… 그리 온화한 성격이 아닌 것으로 알려진 유명 인사들이 무척 좋아했다고 하여 여행 전부터 어떤 곳일지 무척 궁금했다. 바그너의 음악이 흐르는 클래식한 작은 동네가 아닐까 싶었는데, 이토록 개성 강한 캐릭터들이 그렇게나 좋아했던 매력은 무엇이었을까.

라벨로에서 하루를 보내고 나면 균형이 잘 잡힌 마음 상태와 마주 닿는데, 아무래도 무성한 나무 덕분인 것 같다. 사방으로 솟구치는 여러 종류의 기운을 라벨로의 푸른 잎사귀들이 남김없이 흡수한다. 파도의 작은 일렁임에도 싱숭생숭하던 닻 없는 마음이 오랜만에 가라앉는다.

거장이 만족할 만한 무대

마을 이름부터 음악 용어 같은 라벨로를 말할 때, 19세기 독일 낭만파 음악의 거장 리하르트 바그너 Richard Wagner를 빼놓을 수 없다. 1953년부터 여름마다 열리는 라벨로 페스티벌은 바그너가 가장 사랑했던 빌라 루폴로 Villa Rufolo를 무대로 사용한다. 바그너는 1880년 이곳에 머물며 오페라 파르지팔 Parsifal을 작곡하였는데, 작품 속에서 '이곳이 클링소르의 마법의 정원이다'라는 대사는 바로 루폴로의 정원을 모티프로 삼은 것이다. 그의 오페라는 그가 직접 대사를 쓰고, 음을 만들고, 무대장치도 고안하여 시, 노래, 관현악, 극이 일체가 되는 악극이라 불렸다는데, 완벽주의자인 바그너가 과연 좋아할 만한 곳이다. 나뭇잎 하나, 가지 하나 흐트러짐이 없는 넓은 정원과 탁 트인 바다 사이에 무대가 자리하여, 바그너가 아무리 깐깐했어도 작품을 올리기 더 없이 좋은 무대라 칭찬했을 것이다.

건물들은 비밀이 많다

11세기에 지어진 고아한 빌라 침브로네 Villa Cimbrone 는 1930년대 헐리우드 스타 그레타 가르보 Greta Garbo와 지휘자 레오폴드 스토코프스키 Leopold Sto-kowski가 세상의 눈을 피해 도망 왔던 곳이다. 여러 가문들의 소유였고, 수도원 건물이 되기도 했다가, 현재는 세련된 별 다섯 개짜리 호텔이다. 건물은 새로이 단장만 하면 여러 개의 삶을 살 수 있다. 우리는 머리를 자르고 새 옷을 사 입는다고 완전히 다른 사람이 되지 않지만, 건물의 과거를 모르는 사람들은 그저 이곳이 호텔인 줄로만 알 테니 감쪽 같은 변신을 할 수 있다. 결혼하려 도망을 왔던 가르보와 스토코프스키는 결국 식을 올리지 못했다고 한다. 예스러운 이 빌라 곳곳에서 둘은 사랑을 속삭이고, 잠깐이지만 완벽한 자유에 스릴과 해방감을 느끼고, 다투고 또 화해하고, 그러다 결국 이별을 결정했을 것이다. 호텔에 오래 머물면 단단하고 두꺼운 벽 속에 숨은 이야기들을 조금은 더 알 수 있을까 궁금했다. 수십 년도 더 된 두 연인의 러브 스토리보다도, 건조한 벽 안에 얼마나 많은 이야기가 숨어 있는지에 대한 호기심이다.

과도한 수식어에 쉬이 거부감을 느끼는 편인데도, '무한의 테라스Terrazzo dell'Infinito'라는 이곳은 인정한다. 투숙객이 아니면 안으로는 들어가 볼 수 없지만 이 정원만큼은 감사하게도 대중들에게 개방되어 있다. 통통배 하나 없이도 하늘 아래 끝 없이 뻗은 많고 많은 물이 이렇게 무한한 감동을 줄 수 있음은 놀랍다. 몸은 움직이지 않은 채로 눈만 바쁘다. 잔물결을 하나씩 좇다가, 어디까지 뻗어 있나 멀리 내다보았다가, 구석구석을 탐하고 또 전체에 감탄한다.

더 이상 오지 않는 연인을 찾는
달이 뜬다

라벨로에서 가장 오랜 시간을 보낸 곳은 빌라 침브로네의 작은 장미 정
원이었다. 미로처럼 조성된 이 정원은 테세우스의 실타래나 헨젤과 그
레텔의 비스킷이 없더라도 전혀 문제없이 빠져나올 수 있을 정도로 작
았다. 하루 동안 라벨로를 여행하는 내 마음에 쏙 들었다. 도시도, 명소
도, 주어진 시간 내에서 완벽하게는 아니더라도 대강의 모습이라도 전
부 알고 싶어지는데, 그러기엔 앞서 루폴로의 정원은 너무 컸다. 잘 알
려진 포토 포인트나 사람들이 모여 있는 몇 군데만 보고 돌아서면 진정
으로 여행한 기분이 들지 않는다. 무슨 색의 꽃이 피었는지, 새들이 많
이 날아 드는지, 어떤 나무 아래 가장 시원한 그늘이 있는지 살펴볼 수
있는 이곳이 그래서 더 좋았다. 라벨로를 길게 여행하게 되면 바그너처
럼 루폴로가 가장 좋아질 수도 있겠지. 장미 정원의 작은 돌 의자에는
페르시아의 수학자이자 천문학자, 시인 우마르 하이얌Omar Khayyam의 시
가 새겨져 있다.

시들지 않는 내 기쁨의 달아,

천국의 달은 한 번 더 뜨는구나.

이제 이 정원 위 하늘로 떠올라

우리를 아무리 찾아도 찾을 수가 없겠지.

밥을 혼자 먹는다는 것

포지타노로 돌아갈 시간이 다가오는데, 소낙비라 하기엔 조금 오래 내
리는 물줄기가 거세게 땅을 때렸다. 금방 그칠 것 같지는 않아 버스 정
류장 바로 앞의 카페에서 에스프레소 두 잔을 연거푸 마셨다. 그래도 빗
줄기가 잦아들 기미가 보이지 않아서 아말피 광장의 한 식당에서 허기
를 채웠다. 허기를 채우는 것과 식사를 하는 것은 완전히 다른데, 나는
허기를 채우는 일은 거의 하지 않는다. 그 다음 시간들이 일로 빽빽이
채워져 있어서 먹어야 에너지를 낼 수 있는 상황이면 어쩔 수 없이 하는
것이 허기를 채우는 일이다. 그래도 축복받은 미식의 나라에서는 무얼
먹어도 만족스러운 경우가 대부분이라, 딱 봐도 관광객들을 위한 식당
이 분명한 곳에서 뻔한 피자를 주문하면서도 걱정이 되지 않았다. 이탈
리아 남부 토마토는 최고의 햇빛을 듬뿍 받고 자라 달다. 배불러 더 이
상 도우를 베어 물지 못하여 토마토만 쏙쏙 골라 먹다가 문득 누군가와
같이 먹었으면, 하는 생각이 들었다. 다음번에는 누군가와 함께 오면 좋
겠다는 생각은 자주 하지만, 혼자 밥 먹는 것보다 다른 사람과 함께 먹
었으면 좋겠다고 생각이 드는 것은 내게는 흔치 않다.

어렸을 때부터 나는 좋아하는 사람과 식사를 하면 잘 먹지 못했다. 입
이 짧아 원래도 조금씩 자주 먹는 편이지만 좋아하는 사람과 처음 몇 번

밥을 먹을 때는 거의 음식을 건드리지 못할 정도로, 한두 입 먹고 수저를 놓는다. 상대방에 대해 솟아나는 감정이 허기를 이기고도 남는 것인지, 안 먹어도 배부르다는 말을 몸소 실천한다. 중학교 시절, 점심 시간을 함께 보내던 같은 방송실 동아리의 친구를 좋아했을 때는 3교시가 끝나면 혼자 방송실로 내려와 도시락을 까먹거나 그대로 집에 들고 가 집에서 먹곤 했다. 또 이상하게도 숟가락을 잘 들지 못했던 식사가 있으면 그후 며칠 내내 마주 앉아 밥 먹었던 그 사람 생각이 어김없이 났다. '나 오늘 누구랑 점심 약속이 있었는데 하나도 못 먹었어' 하면 친구들은 '너 아직도 그러니? 마음에 드나 보네'라고 한다.

토마토 몇 개만 쿡 찔러 보고 말겠지만, 많이 먹지 못할 피자를 누군가와 이곳에 또 와서 먹어 보고 싶다. 토마토가 있던 자리가 전부 분화구처럼 뻥 뚫려 모양이 우스워졌다. 비가 그쳐서 버스를 타러 일어났다.

Day 7。
June 30

포지타노 *Positano*

베이스 연주자 서머셋 모옴

날씨가 조금 흐려졌다. 엉덩이 털고 일어날 정도는 아니지만 호기롭게 누워 쉬기엔 어울리지 않는 옅은 회색 물감을 손톱만큼 짜서 풀어 놓은 것 같았다. 선글라스도 필요 없고 뜨거워서 뒤척이지 않아도 되는 이런 날씨가 해변에서 책을 읽기엔 가장 좋다. 평소보다 덜한 낮볕이 집어 든 책의 묵직한 분위기를 돋웠다.

손에 땀을 쥐게 하는 드라마가 끝나고 다음 주 회차의 예고가 나올 때 '안돼!' 하고 외치는 것처럼 한 장씩 넘어가는 책장이 아쉬운 책이 있고, 어떻게 끝나는지가 너무 궁금해 호로록 단숨에 마셔 버리고 싶은 책이 있는데, 서머셋 모옴Somerset Maugham 의 《인간의 굴레》는 후자였다. 절름발이에 첫사랑까지 너무나 고통스러운 주인공의 삶이 어떻게든 희망적으로 끝나겠지, 하는 바람으로 얼른 결말을 보고 싶었기 때문이다. 독자들의 대부분은 주인공처럼 신체적인 불편함이 있는 것도 아니고 첫사랑이 그렇게 끔찍하지도 않았겠지만, 모음은 많은 사람들이 공감할 보편적인, 그러나 끄집어 얘기하기엔 불편할 감정들을 말한다. 에둘러 말하지 않지만 직설적이라 해서 너무 불편하지도 않은 수려한 글솜씨는 마음의 베이스를 울렸다.

내가 음악을 듣는 방식에 큰 영향을 미친 사람 중 하나는 파리를 처음 여행할 때 재즈 바에서 공연을 하던 베이시스트 티보다. 연주를 잠시 쉴 때 맨 앞줄에 앉아 있던 내게 공연이 마음에 드느냐 물으며 몇 마디를 나누다가, 가장 덜 역동적인 것처럼 보이지만 베이스를 연주하는 것이 가장 좋다고 그는 말했었다.

"모두가 베이스에 맞추어 춤을 추거든. 그걸 모르는 사람들도 많지만,
 잘 보면 베이스 소리에 맞추어 춤을 추는 거야 다들."

그랬다. 끄덕이는 고개와 흔드는 어깨는 모두 베이스의 리듬을 타고 있었다. 노래를 할 때도 글을 쓸 때도 말을 할 때도 종종 그의 말을 떠올린다. 표면에 잔물방울을 튕기는 것이 아니라 심연을 두드려야지.

밤에는 그런데 해변에서 재즈 공연이 있었다. 독서로 실컷 흔들린 마음

은 공연에 동하지 않았다. 리허설이 끝나고 이제 막 분위기가 오르려는 데 호텔로 올라와 버렸다. 동트면 나갔다가 해가 지면 얼른 들어와 자고 새벽에 다시 깨어 정원을 혼자 돌아다니는 내가 이제는 익숙한지, 페페 는 그란데 해변으로 바삐 내려가는 사람들에 역행하여 호텔로 올라가는 나를 힐끗 보고 왜 들어가는지 묻지도 않았다.

Day 8。
July 1

포지타노 *Positano*

잠에서 깨어 만난 보라색

여름이면 가장 더울 때 온도가 40도를 넘나든다는 스페인뿐만 아니라, 어디에서든지 시에스타는 필요하다. 잠깐이지만 눈을 붙였다 떼면 또 다른 하루가 시작된 것처럼 몸도 마음도 새로운 기운이 난다. 남들이 하루를 살 때 이틀을 사는 것만 같은 반칙의 기분도 든다. 그루잠에서 깨어 눈을 비비며 정원에 나가자 흐드러지게 핀 꽃에 정신이 맑게 들었다. 눈이 멀 정도로 쨍한, 필요 없는 색은 하나도 섞이지 않고 조금도 오염되지 않은 쨍한 보랏빛의 부겐빌레아가 지천이다. 포지타노의 팔레트 위에서 빼놓을 수 없는 것이 현혹적인 보라와 분홍이다. 가지가 얇은데도 잘 버티는 것인지 아니면 꽃송이들이 원체 가벼운 것인지 알 수 없지만, 탐스럽고 성하게 피어 있으면서도 개나리 가지마냥 휜 것이 아니라 고개를 꼿꼿이, 새침하게 치켜들고 햇살을 받고 있다. 포지타노에서는 꽃마저 발랄하고 기력이 넘친다.

Day 9.
July 2

몬테페르투소, 노첼레 *Montepertuso, Nocelle*

축제를 준비하고, 즐기고,
그 다음 축제를 준비하는 마을

이탈리아와 같은 가톨릭 국가에는 수많은 성인이 있고 그들 각각의 기일이 있어 축제가 많다. 포지타노 윗동네 몬테페르투소Montepertuso에서는 7월 2일을 기념한다. 1년 중 가장 큰 행사이다. 그 기원은 6세기로 거슬러 올라간다. 20년 전 닦인 길이 생기기 전에는 1,700개의 계단을 올라서야 가 볼 수 있었던 마을이기 때문에 포지타노에 비해 훨씬 발전이 더뎠던 곳인데, 이 작은 마을에 악마가 뱀의 모습을 하고 산 건너편에서 마을 사람들을 유혹했다고 한다. 이때 천둥 소리와 함께 초자연적인 빛에 휩싸인 성모마리아가 '두려워하지 말라. 내가 악마를 쫓겠다' 하며 악마와 맞서기를 자청하여, 산에 먼저 구멍을 내는 쪽이 마을을 차지하는 내기를 했다. 악마가 열 번이나 시도를 했으나 별 성과가 없었지만, 마리아가 산에 손가락을 대는 순간 구멍이 나며 그 사이로 뱀이 추락했다고. 그녀의 손가락이 악마를 처단하는 과정에서 산을

뚫었고, 그때 만들어진 구멍이 아직도 남아 있다. 그래서 이 마을의 이름도 '구멍이 난 산'이라는 뜻이다. 낮에는 태양빛이, 밤에는 달빛이 이 틈을 통과하는데, 이렇게 햇빛과 달빛을 모두 통과시키는 산에 난 구멍

은 세계에 딱 세 개 뿐이라고 한다. 몬테페르투소는 마을을 지켜 낸 마

리아를 기념하는 행사를 1년 내내 준비한다.

미터기 요금과 나이는 함께 상승

축제는 해가 저물어야 시작하니, 몬테페르투소보다 더 위쪽에 자리한 노첼레Nocelle를 구경하고 늦은 점심을 먹기로 했다. 노첼레까지는 택시를 타고 올라갔다. 천천히 가자, 돌아가자, 잠깐 멈추었다 가자, 하니 요금은 30유로를 훌쩍 넘겼다. 어린 시절의 주머니 사정 빠듯한 여행 중에는 어쩌다 한 번 택시를 타는 호기를 부리면 미터기와 함께 심장 박동 수가 상승했다. 심장 건강은 그대로인데 해마다 택시비 예산은 늘고 있다. 몸에게 점점 관대한 여행을 하게 되는 것은 어쩔 수 없다. 이러다 또 허리끈을 확 졸라매고 바쁘게 돌아다닐 수도 있겠지만, 분명 점점 쾌락과 맛, 여유, 햇살을 더 많이 갈구하는 여행을 찾아 가고 있다. 나이를 먹으면서 벌이는 조금 더 나아지고 체력은 떨어지니 당연하다. 호스텔 도미토리에서 자면서 한 달 내내 온 유럽을 누비던 스물두 살의 여행은 어떻게 했는지 기억도 나지 않는다. 잡념에 빠져 어떤 길로 가고 있는지 잊기 직전, 택시가 멈추었다.

부온 아페티토 Buon Appetito!

'맛있게 먹어요!'라는 말은 여러 언어로 할 수 있는데, '잘 먹겠습니다'
와 같은 말은 거의 보지 못했다. '잘 먹었습니다'라는 말도 그렇다. 식
사 전후로 어떻게 먹겠다, 어떻게 먹었다는 선언 비슷한 우리말 표현은
의외로 이탈리아에서의 식사 시간에 보탬이 된다. '부온 아페티토 Buon
Appetito' 하고 외칠 때면 잘 먹겠습니다, 하고 속으로 되뇐다. 스스로에게
도 이른다. 잘 먹어야지, 맛있게 먹어야지.

노첼레의 특산물은 견과류와 치즈다. 이탈리아 파스타 면과 소스의 조
합으로는 천 가지 이상의 파스타 요리를 할 수 있다고 한다. 장담하건대
그중 아무거나 먹어도 맛이 있겠지만, 견과류와 치즈의 조합은 어마어
마하다. 신선하고 건강한 맛을 한 입 가득 우물거리기를 몇 번 반복하자
접시가 비었다. 이탈리안 요리 앞에서는 모든 사고를 멈춘다. 얼마나 남
았는지, 얼마나 담아 주었는지 보지 못하고 우선 포크를 들면 접시에서
건져 올릴 것이 없어질 때까지 그저 맛있게, 열심히 먹게 된다.

우정은 통역이 되더라 NOT lost in translation

드디어 몬테페르투소의 축제가 시작되었다. 사람들이 모두 모여도 불편하지 않을 정도로 작은 마을 광장은 여유가 있다. 1년 중 가장 큰 축제라면서 이렇게 소박해도 되는 것인지 그 소담함이 귀엽고 또 그래서 대단해 보인다. 초청해 온 밴드가 무대 위 연주를 마치고 행진을 하고, 몬테페르투소 사람들은 그 뒤를 따라 마리아 상을 모시고 마을을 한 바퀴 돌고는 성당에 안치한다. 폭죽이 터지고, 맥주와 와인이 이리저리 오가며, 사람들은 모두에게 친절하다. 어떤 방향으로 돌아 그 누구와 눈이 마주쳐도 웃는 낯이다. 새로운 친구를 사귀기 좋은 밤이다.

내려오는 길, 낮에 너르던 버스는 만차다. 버스 정류장 앞에서 잔돈을 바꾸느라 급히 샀던, 입 안에 넣으면 타닥타닥 터지는 설탕 가루를 묻혀 먹는 발바닥 모양의 막대 사탕을 물고 긴 줄 끝에 섰는데, 넌 왜 여기 혼자 놀러 와서 발이나 빨고 있냐는 시답잖은 농담으로, 맥주 세 병은 마셨구나 싶은 무리가 말을 건다.

포지타노의 유일한 호스텔 브리케트—평점이 좋지 않아 추천하지 않는다. 빈대의 일종인 베드버그에 물릴 확률이 50%는 되는 것으로 추정된다—에서 일하던 미국인들이다. 그중 한 명은 이번이 네 번째 방문이라고 한다. 호스텔 주인이 열어 놓은 문으로 고양이가 도망을 나갔는데, 본인이 뒤

집어쓰고 그만두게 되어 몇 개월간의 포지타노 생활을 접고 내일 아침 미국으로 돌아간단다. 나머지 둘은 다른 정류장에서 먼저 내리고, 나와 함께 포지타노 정류장에 내린 아담은 넋두리를 이어 간다. 이렇게 예쁜 곳을 네 번 연달아 혼자 또는 남자들과 왔단다. 그러게 왜 그랬냐고 물으니 너도 혼자 왔잖아, 한다.

"아무하고나 올 수가 없잖아. 다음에 올 땐 또 모르지."
"그렇지, 여긴 아무나 데려오는 곳이 아니니까."

그렇다. 아무나 데려올 수 없다. 세상에서 가장 예쁜 곳이라고 동네방네 떠들고 다녔지만 누군가를 데리고 여행을 함께 오는 것은 어렵지 않을까 싶다. 포지타노만큼 내 눈에 예뻐 보이는 사람, 이곳을 그 사람 눈에도 담아 주고 싶을 정도로 온 마음을 다해 사랑하는 사람이 생기면 함께 오겠지, 했다. 그러자 사랑한다는 말을 한국말로 할 수 있다고 대뜸 자랑한다. 도하에서 버스킹을 하다 만난 한국 사람들에게 '만나서 반가워' 와 '사랑해'를 배웠단다. 만나서 반가워에서 바로 사랑해로 가는 거야? 너무 빠르네, 하고 핀잔을 쳤더니 그러면 됐지, 한다. 하긴, 그거면 될 때가 생각보다 많다. 조금 후 '예뻐요'를 어떻게 말하는지 배우고 싶어해 알려 줬다. 그것도 필요할 때가 있다는 생각이 들었나 보다.

헤매면서 찾아가면 다음번 같은 곳을 찾아갈 때 헤맸던 길로 똑같이 가야 되는, 세상 둘도 없는 길치인 나는 버스에서 내려 빙 돌아가는 큰 길로 호텔에 돌아가겠다고 했는데, 포지타노 골목을 잘 안다는 아담이 배는 빠른 지름길을 안내했다. 헤어지기 전 나는 한국말로, 본인은 이탈리아어로 작별 인사를 하는 것이 어떠냐고 그가 제안했다. 미국 사람이지만 엄마가 이탈리아 사람이라 이탈리아어가 능숙하단다. 좋다고는 했는데 막상 입을 떼려니 굉장히 쑥스럽다.

"건강하고 잘 있어, 오늘 이렇게 만나게 되어 즐거웠고 기쁘구나."

엽서에 썼으면 아무렇지 않았을 인사는 음가를 갖게 되며 또 다른 생명력을 얻는다. 아담이 뭐라고 말했는지는 전혀 알 수가 없지만 물어보지 않았고 그도 통역해 주지 않았다. 알 수 없는 인사말을 건네며, 새 친구를 사귀었다.

심심한 폭죽이 터지던 밤

돌아오니 페페가 발코니에서 아직도 터지고 있는 몬테페르투소의 폭죽을 구경하고 있다. 자러 들어 갈까, 하면 또 하나가 터지고, 이제 끝났나, 싶으 면 또 하나가 터져서 두 시간째 서 있다는 거란다. 정신을 쏙 빼놓는 화려한 폭죽놀이 대신 즐겁지만 아직은 서먹한 대화의 여백을 채워 주는, 심심할 때 하나씩 터지는 폭죽이 꽤 괜찮았다.

"매년 산에 폭죽이 옮겨 붙어 자그마한 불이 나. 기다려 봐."

곧 어김없이 폭죽이 갈매빛 산기슭에 떨어져, 가 지 하나가 화르르 타기 시작했다. 폭죽과 대화와 별빛은 사이 좋게 순서를 지켜 꼬리를 물었다. 밤 이 길었다.

Day 10。
July 3

포지타노 *Positano*

여름날의 책장

여행을 떠날 땐 언제나 책을 여러 권 들고 간다. 여행지에서 읽게 되는 책은 어떠한 인상을 남기지 않을 때도 있고, 생각했던 것과 많이 달라 숙소에 선물이랍시고 두고 오는 경우도 있다. 훌륭한 책, 여행하는 장소, 그리고 날아갈 듯 가벼운 여행자의 마음으로 한껏 업그레이드되는 집중력의 삼위일체가 시너지를 자아내어 텍스트를 흡수하는 책은 평생 기억에 남는다. 괴테의 《이탈리아 여행기》를 집어 들고 귀퉁이를 접어 놓았던 페이지를 네 번째 읽고 있다. 잘 읽히지 않아서가 아니라 여러 번 곱씹게 되는 문장 때문이다. 책은 괴테가 여행 중 연인에게 쓴 편지를 엮은 형식으로, 그는 '돌아가면 얼굴 보고 이야기하자'는 말을 자주 한다. 이왕 펜을 든 김에 할 말을 다 하면 좋으련만, 얼굴을 보고 해야 하는 이야기들이 분명히 있으니 다음을 기약하자는 말이 잦다. 독자들은 알 수 없고 편지를 받아 본 그녀만 알고 있을 이야기들. 우리는 여행지

의 고유한 돌의 화학적 구성이라든지 그날그날의 구름 모양에 대한 괴
테의 상세하고 지루한 설명으로 만족해야 한다.

Day 11。
July 4

포지타노 *Positano*

몰래 나오지 않으면
놓아주지 않았을

정해진 기차 시간이 있다고 해서, 이름이 찍힌 비행기 탑승권이 있다고 해서 여행을 마치고 떠날 수 있는 것은 아니다. 여행지를 떠나려면 그곳이 여행자를 보내 줘야 한다. 혼자 가겠다고 우겨서 헤어질 수 있는 그런 게 아니다. 어느 정도의 애정과 추억을 남기며 한 번에 인사를 할지, 언제가 될지 모르지만 오면 반갑게 맞아 줄게 또 오렴 하고 보내 줄지, 아니면 다시는 '마주치지 말자,' 환승역으로도 쌍방의 결정이다. 미련을 뚝뚝 흘리며 아직 밤에 뒤척이는 포지타노를 두고 몰래 나왔다.

항상 쉽지 않지만 이번엔 정말

어릴 적엔 집에 누가 놀러 왔다 가면 그렇게 울었
다. 요즘도 아기들은 그렇지 않나. 부모님 친구 분
이 저녁 식사만 하고 가려 해도 삼촌, 이모 가지
말라고 으앙 울음을 터뜨린다. 정이 드는 데는 얼
마 걸리지 않고, 이별을 잊는 데는 생각보다 꽤 오
래 걸린다. 헤어질 때 울면 몇 살까지 이상한 눈초
리를 받지 않는 것인지 정해지지 않았지만 지금
내 나이가 아니라는 건 확실하다. 아직 컴컴할 때
조용히 캐리어를 끌고 나와 햇귀가 닿아 밝아지는
포지타노와 긴 작별 인사를 나누었다. 떠날 때 하
는 인사는 짧을수록 덜 어색하고 깔끔한 것을 알
면서도, 시간을 들였다.

보통 집에 돌아가서야 살펴보는 여행 중 찍은 사
진들을 그로토에 걸터 앉아 하나씩 보았다. 여행
을 마치고 사진을 다시 보면 첫날과 마지막 날의
사진이 굉장히 다르다. 도착해서 전혀 모르는 얼
굴을 서투르게 담아 보려 노력하는 풋풋함과, 이

제 너를 알고 너에게 나를 주고 뒤돌아서기 싫은 발걸음을 떼며 찍는 마
지막 사진의 착잡함 사이의 간극은 여행지마다 차이가 있지만, 포지타
노에서는 이루 말할 수 없을 정도로 대단했다.

Intermission

◦

◦

◦

영화도 세 시간이 넘어가면 앉아 있기 힘들다. 네 시간은 거뜬히 넘기는 발레나 오페라, 뮤지컬에는 쉬는 시간인 인터미션이 응당 있다. 옆 사람과 1막에 대해 이야기하고, 문자 메시지와 부재중 통화를 확인하고 커피도 한 잔 마시고, 2막을 제대로 감상할 준비를 마치고 다시 객석에 들어와 자리를 찾는다. 집에 돌아와 이틀 만에 다시 비행기 표를 끊었다. 여행이 본 공연이 되고 일상이 인터미션이 되는 것은 처음이다.

구
월
의

포
지
타
노

SEPTEMBER ____

Day 1。
September 8

포지타노 *Positano*

누구신가요
이 책을 읽는 당신은

"지지난달에도 나폴리 가셨죠?
여행 작가시죠?
이번에도 책을 쓰러 가시나요?
책 잘 읽고 있어요."

같은 항공사를 이용하는 것이긴 했지만 첫 번째 포
지타노 여행과 두 번째 포지타노 여행 사이의 두
달 동안 많은 사람들의 항공권을 발권했을 것이 분
명한데, L 항공사의 데스크 직원은 여권을 받아 들
고는 바로 나를 알아보았다. 인기 작가가 아니면
쉽게 받지 못하는 독자의 정다운 인사다. 즉 나에
게는 전혀 예상하지 못하는 인사라서, 매번 어떻게
대처해야 할지 몰라 제대로 감사하다는 말도 못 하
고 얼굴만 빨개진다. 여태까지 나는 내가 책을 낸
다고만 생각했지, 사람들이 그걸 읽는다고는 생각
못 했다. 서점에 잘 있나 확인해 보고, 어지간히 나
가고 있는지, 실수한 부분이나 부족한 부분이 들켰

는지 항상 온 신경을 쏟고 있지만, 품에 안고 집에 데려가 책장을 넘기는 사람들의 입장은 생각해 보지 못한 것이다. 손을 떠난 책의 행보에 대해서는, 특히 그 책을 읽은 사람과 마주하게 될 수 있다는 생각은 하지 못했다. 얼굴이 발갛게 달아 올라 얼른 돌아서 정신없이 비행기에 탑승했는데, 잘 읽고 있다는 말이 비행 열 시간 내내 귓가에 맴돌아 잠을 이룰 수가 없었다. 잘 읽히고 있구나. 기특하게도, 감사하게도, 균형이 맞지 않는 옷장 한쪽 다리 아래 끼워져 있거나 라면 냄비 받침으로 쓰이고 있지 않구나. 사실 이때까지는 쓴 소리가 무서워 감상을 반기지 못했는데, 여행 책의 독자들은 어떤 마음으로 책장을 넘기는지 사뭇 궁금해졌다. 구월의 포지타노 여행은 그렇게 쑥스럽고 달뜬 마음으로, 또 나의 포지타노 여행이 당신의 포지타노 여행에 어떤 보탬이 될 수 있을까에 대한 생산적인 고민으로 시작되었다.

그냥 커피 달라고요

나폴리 공항에 내려 짐을 찾고 공항 내 에스프레소 바부터 찾았다. 참으로 그립던 나폴리탄 커피였다. 그런데 미국인 여행자 한 명이 주문을 하는 와중에 바텐더와 실랑이를 벌이는 것이 들려 왔다.

"그냥 커피 달라고요 그냥 커피, 일반 커피, 노말 커피!"
"그냥 커피가 이거라고. 네가 지금 마시는 거."
"이게 어떻게 그냥 커피야, 이건 에스프레소지.
 커피 달라고 정상 커피!"

미국인은 아메리카노를 말하고 싶었던 것 같다. 우유를 줄까? 다시 만들어 줄까? 밀크, 어게인, 영어는 몇 마디 해도 '아메리카노'는 들어 본적이 없는 듯한 바리스타는 최선을 다하다 마침내 그를 정신 나간 사람 쳐다보듯 했다. 그가 여기에 워터를 섞은 게 '정상' 커피라고 우기기 시작하자 생수 한 잔을 가져다주는 것으로 일단락되었다. 원하는 커피를 끝내 받아들지 못한 손님은 한숨을 크게 쉬고 애매한 온도의 미지근한 아메리카노를 자체 제작하여 찡그리며 몇 모금 마시다 그냥 가 버렸다. 아침부터 시달려서 기가 빠진 듯한 바리스타의 얼굴을 보고, 용기를 내어 '본 조르노, 우노 까페 뻬르 빠 보레!'라고 주문했다. 에스프레소와 함께 박수와 감사 인사를 받은 것은 처음이었다. 매번 그들에게 웃음 선물을 받기만 하다가 작게나마 한 번 되갚아 주는 기분이 꽤 괜찮았다.

큰 창이 있는 집

이번엔 덜 좋으면 어떡하지, 하는 걱정이 없는 두 번째 여행이었다. 첫 여행을 다녀와 이틀 만에 다시 나폴리행 비행기 표를 끊었고 두 달 만에 돌아오는 것이었다. 좋을 것이 분명했기 때문에, 크게 달라진 모습으로 놀라게 하지 않을 것을 알았기 때문에.

이번엔 집을 빌렸다. 포지타노 시내의 중심 대로인 물리니Mulini 가에 있는 집의 한 층을 혼자 쓰게 되었다. 침실 두 개, 넓은 식당과 부엌, 응접실과 욕실이 두 개. 큰 침실과 부엌 외에 집의 다른 곳은 머무는 내내 가 보지도 않았을 정도로 넓었다. 좁은 호텔 객실 어디에 캐리어를 두어야 문을 반 이상 열 수 있을지 고민하지 않아도 된다는 것이 좋았다. 바다에서 놀다 들어와 목이 타서 냉장고로 뛰어가며 비치 타월을 보지도 않고 어디론가 던졌다가 한참 찾아야 하는 이런 큰 집은 처음 빌려 본다.

밤에 찾아오는 추위와 바람을 막아 줄 공간이 확실히 있다는 것에서 오는 안도감과 안정감은 생각보다 컸다. 개어 놓지 않은 이부자리가 저녁에 돌아와도 같은 모양으로 또아리를 틀고 있는 것을 보았을 때 마음에 잦아드는 편안함도 좋았다. 이래서 사람들이 집을 사는 데 그리 사로잡혀 있나 싶다. 얼른 자고 내일 아침 일어나 침실 발코니의 큰 창을 열어 젖혀야지, 생각하며 잠에 드는 것이 가장 좋았다.

수많은 밤, 자기 전에 내일 할 일과
오늘 못 한 일들이 앞다투어 자리싸움을 했었는데,
창문을 활짝 힘차게 열어야겠다는 생각 하나만 품고
머리를 베개에 뉘이는 밤은 더 없이 행복했다.

Day 2。
September 9

포지타노 *Positano*

이탈리안 DNA 2

페페네 호텔에 인사를 하러 갔다. 비행은 힘들지 않았어. 이번에 빌린 집도 마음에 들어. 오늘 기분도 좋아. 몇 마디 되지 않았지만 상기된 얼굴이 모든 것을 전했다. 그리고는 '맘마'와 인사. 가까이서 본 것이 얼마 되진 않지만, 페페 어머니는 이탈리안 엄마들에 대한 고정관념에 딱 들어맞는다. 밥은 먹었니, 로 인사를 시작하여 마주칠 때마다 밥 얘기를 꺼내신다. 이미 먹었어도 또 먹으라 권하시고, 먹고 있어도 더 먹으라고, 이것도 먹어 보라고 재촉하신다. 입에 잘 맞는지, 저녁은 무얼 먹고 싶은지, 싸 가고 싶은 것은 없는지. 자식과 손님을 먹이는 것이 이렇게나 중요할 수가 없다. 금방 일어날 거라고 말해 봤자 소용이 없다. 얼른 만들어 줄 테니 놀고 있어라. 그래서 페페와 나는 소파에 앉아 8월이 얼마나 정신 없었는지에 대해 얘기하기 시작했다. TV는 배경 음악처럼 작게 틀어 놓았다. 케이블 채널로 미국 드라마를 보고 있었는지,

중간에 영어로 스파게티 소스 광고가 나오기 시작했다. 삶은 스파게티 면발을 들어 올리는, 1초도 되지 않는 찰나의 장면을 힐끗 보고 페페는 '너무 익혔어, overcooked'라고 중얼거렸다. 어떻게 바로 알아? 딱 보면 알지. 그래, 나도 진밥 된밥은 보자마자 알 수 있으니 당연히 알겠지 싶지만 이탈리아노들의 핏속에 흐르는 파스타 부심. 당연한 것을 새삼스럽게 집어내는 나를 더 재미있어 하는 그와, 탱탱한 면발의 바특한 크림 파스타 한 접시를 후루룩 마셨다.

하루에 할 일은 딱 하나만

한곳에, 특히나 포지타노와 같이 작은 동네에 짧지 않은 기간 머무른다는 것은 그 작은 골목들에 익숙해진다는 것이다. 아무리 게으른 사람이라도, 하다 못해 생수병 하나를 사기 위해서라도 슈퍼에 잠깐 나가야 하니 눈과 발에 익을 수밖에 없다. 성당과 광장의 이름 주인인 성인들에 대한 이야기를 하나둘씩 주워듣고, 지도는 더 이상 보지 않게 되는 것이다. 자주 가는 카페와 식당이 생기고 그곳의 단골이 되는 것이다. 주인과 바리스타와 나누는 인사가 길어지고 가족의 안부를 묻게 되는 것이다. 여행을 왔지만 집에서처럼 생활을 하게 되는 것이다. 아무것도 하지 않고 집에만 있는 날에도 '어떻게 온 여행인데, 아무것도 안 하고 하루를 보낼 수는 없어!' 하고 조바심 내지 않게 되는 것이다. 아늑함을 느끼는 것이다.

하루를 늦게 시작했다. 바다에 뛰어들 기운으로 창문을 활짝 열고, 빨래를 너는 옆집을 구경하고, 투어 버스가 멈추어 서고 이내 왁자지껄 들려오는 말소리도 들어 보았다. 음악을 크게 틀어 놓고 과일도 여러 개 깎아 먹으며 아침나절을 다 보낸 후에야 집을 나설 마음이 들었다. 장을 보자. 오늘 할 일은 장을 보는 것이다. 집을 빌려 여행하는 또 하나의 즐거움이 바로 이거다. 내일 아침 발라 먹고 버릴 미니 잼 말고, 잼 한 통을

망설임 없이 집어 드는 사소한 행동에서 희열을 느낀다. 모르는 언어로 쓰인 라벨을 한참 들여다보는 것도 지루하지 않다. 장을 보고 나서도 마음대로 쓸 수 있는 시간이 시계 한 바퀴만큼이나 남아 발걸음이 가볍다.

너 또 왔구나!

유제품 가게를 이탈리아어로 라테리아 Latteria라
고 한다. 요리할 때도 뭉텅뭉텅 집어 넣고 안주로
도 먹고 빵에 얹어서도 먹고 그냥도 먹고. 치즈를
그렇게나 먹으니 유제품만 따로 파는 상점이 있
는 것이 놀랍지 않다. 포지타노에는 라테리아가
딱 하나 있다. 사실 은행도, 로또 판매점도, 스포츠
바도, 다 하나씩이다. 하나씩밖에 없어서 어느 지
점이라 말할 필요가 없으니 나 라테리아 가요, 슈
퍼 가요, 은행 가요, 한다. 포지타노에 돌아온 처
음 며칠은 온종일 다시 왔냐는 반가운 인사를 받
느라 황송했다. 하나씩밖에 없는 곳들을 순회하며
저 다시 왔어요, 하고 온 동네에 소문을 냈다. 그
리 오래 걸리지도 않았다.

여행지는 분명 누군가의 현실

여행지에 살고 있는 사람들의 '우리 동네'는 객들에게는 판타지, 꿈이다. 아무리 그들과 닮은 행세를 하고 오랜 시간을 보내도, 모든 짐을 이고 이리 와 자리를 잡고 살지 않는 이상 영원히 '우리 동네'가 될 수는 없다. 언제 샀는지 기억나지 않는 색 바랜 수영복을 입고 슈퍼에서 파는 부실한 속의 샌드위치를 먹는 사람들과, 열 번도 더 열었다 닫은 캐리어 속 새 옷을 입고 나와 이 근방 맛집을 물어 찾는 여행자가 같을 수는 없다. 포지타노 사람들이 모두 여행자들처럼 시내 어디를 가든 눈을 동그랗게 뜨고 벌려진 입을 억지로 닫으며 사진기 셔터를 전투적으로 눌러 댄다면 이상하겠지. 반대로 여행자들이 전혀 감흥 없는 표정으로 동네 목욕탕 가듯 아무렇지 않게 여행지를 돌아 보아도 이상할 것이다. 우리 동네 참 예쁘지? 하는 뿌듯함이 스미어 나오는 미소에 크게 끄덕이는 고개로 화답하는, 현실과 환상의 경계가 어지럽게 섞이는 지금 이 모습이 가장 자연스럽고 당연하다.

에펠탑도, 콜로세움도, 자유의 여신상도 없다

포지타노를 대표하는 건축물을 굳이 꼽자면 멀리서도 보이는 둥근 돔으로 유명한 산타 마리아 아순타 성당Chiesa di Santa Maria Assunta이 되겠다. 옆마을 구경을 갔다가 아순타 성당의 큰 돔이 보일 때 포지타노에 돌아왔구나, 하는 반가운 마음을 일으켜 내는 것 외에는 별다른 의미가 없다. 분명 수백 년 전 세워졌고 중요한 가톨릭 인사들이 찾았던 곳이겠지만 궁금하지 않다. 어떤 양식으로 지어졌는지도, 얼마나 오래 걸려 저 큰 돔을 쌓았는지도 알려 하지 않았다.

여행지를 상기하게 되는 랜드마크는 많지만 여행을 마치고 다시 그 장소를 떠올리게 하는 것은 누구나 아는 관광지가 아니다. 로마도 내게는 콜로세움이 아니었고 파리도 에펠이, 런던도 빅벤이 아니었다. 소위 보물이라 인정받는 세계 예술품의 60%는 이탈리아에 있다지만 그것들이 나의 이탈리아는 아니다. 그나마 있는 이 아순타 성당도 그리 이름이 잘 알려진 것이 아니라 더 좋다. 이곳을 기억하려면 더 개인적이고 사소한 무언가가 필요하다. 위세가 대단한 이름난 곳들이 없으니, 작은 것들이 차지할 수 있는 공간도 충분하다.

Day 3。
September 10

프라이아노, 푸로레 *Praiano, Furore*

네가 다시 오면 물어보려 했어

일어나서 고양이 세수만 하고 지갑을 들고 아침거리를 사러 나가는 것이 보통의 일상이 되었다. 동네 사람들도 날이 지날수록 나를 점점 편하게 대한다. 묻지도 않았는데 하고 있는 일이나 오늘 일정을 알려 주기도 하고, 나의 하루에 대한 호기심도 비친다. 질문도 많아졌다.

"넌 우산 안 쓰고 다니니?"

양산을 모르는 포지타노 사람들은 선글라스와 모자, 선크림으로 무장을 하고도 우산을 펼쳐 들고 태양을 피하려는 한국 관광객들이 이상했던 모양이다. 항상 궁금했었는데 벼르다 물어보는 것이란다. 비가 오지 않는데 우산을 펴는 것, 실내에서 우산을 펴는 것 모두 이탈리아에서는 불운을 불러 온다고 믿기 때문에 더욱 그 모습이 눈표가 났다고 한다.

대단한 질문은 아니었지만, 다시 만나면 하고 싶은 일들과 묻고 싶은 것들은 내 쪽에만 있는 줄 알았는데 이들도 그랬다는 것에 흐뭇했다. 모르지만 내가 또 찾아 주길 바라는 곳들이 있을지도 몰라, 하는 착각에도 빠져 본다. 다시 가고 싶은 여행지들이 참 많은데, 그중 반만이라도 나를 그리워하고 있었으면.

지나는 예쁜 여자의 이름이야

포지타노 사람들이 '이름이 뭐니?' 하고 물어 대답을 하면 반 이상은 "아, 지나 롤로브리지다 Gina Lollobrigida와 똑같구나!" 하고 외쳤다. 이탈리아 여행을 할 때마다 여러 번 들었었지, 하며 뒤늦게 그녀의 이름을 검색해 보았다. 50년대를 주름 잡았던 로마 근교 출신의 이탈리아 배우인 롤로브리지다는 나와 딴판인 크고 진한 이목구비를 가졌다. 온몸으로 이탈리아 여자임을 주장하는 그녀와 나는 이름 말고는 전혀 공통점이 없다. 아무리 열심히 비슷한 구석을 찾아보려 해도 가망이 없지만, 타고난 사탕발림 재간둥이들은 네 이름을 한 사람들은 전부 아름답다는 한마디를 굳이 보태어 기어이 해사한 웃음을 받아 낸다. 분명 이들이 숨 쉬듯 내뱉는 이런 대사들만 모아 놓은 책이 있을 거야, 분명히.

피아트와 에스프레소 컵

감각 하나만큼은 타고났다고 할 수 있는 이탈리아 사람들의 심미안은 색에도 비율에도 어울림에도 민감하지만 크기에는 구애받지 않는다. 버스 정류장 바로 옆에 있는 공용 주차장을 보아도 원색의 작은 자동차들이 유치원생 모자들처럼 나란하다.

장정 네 명도 작은 차 한 대에 꾸겨져 탄다. 용케도 몸을 잘 접어 넣고 문을 닫는다. 빈티지스런 피아트Fiat 자동차들이 꼬리를 물고 달리는 모습을 구경하는 것은 바퀴 달린 런웨이를 감상하는 것 같다. 차 안의 감색 수트를 입은 멋쟁이와 열 손가락에 반지를 전부 낀 빨간 입술의 여자, 쉴 새 없이 움직이는 그들의 입술, 그리고 그만큼 빠르게 공기를 가르는 손짓.

작아서 더 좋은 것은 손가락 두 개로 들어도 무겁지 않은 커피 잔과 이탈리아 자동차.

하와이안 피자 같은 옆 마을

이탈리아 사람들의 지역 감정은 대단하다. 무척 격하고 또 이를 절대 숨기지 않는다. 밀라노와 로마가, 또 밀라노와 토리노가 그렇다는 것은 알고 있었지만 해안가 마을들 사이의 라이벌리도 이리 뜨거울 줄이야.

포지타노에서 걸어서도 갈 수 있는 옆 마을 프라이아노에 간다는 말에 페페는 잘 다녀와, 한 마디뿐이었다. 동네 사람들은 걸어갈 수는 있지만 버스를 타라 권했는데, 기어이 걸어갔다가 기진맥진하여 버스에 실려왔다 — 생각해 보면 여행 중 나는 교통 수단에 실려 다니는 경우가 참 많다. 멀쩡한 상태로 타고 다닌 적이 많지 않다 —. 밤에 페페와 다시 마주치자 입꼬리를 씰룩이며 거기 아무것도 없지? 한다.

"왜 아무 말도 안 했어! 정말 아무것도 없었어."
"책 때문에 가는 것 같아서 어떤지 한 번 보라고.
 한 번 다녀올 만은 해."

그리고는 프라이아노가 촌스럽다느니, 관광객들이 오지 않아서 포지타노에 비해 사람들 마음이 닫혀 있다느니 확인할 수 없는 막말들을 쏟아냈다. 사실 그렇게까지 나쁘지는 않았다. 포지타노의 화려한 아름다움에 비하면 상점보다는 일반 가정집들이 훨씬 많은, '살아진' 분위기가 강해서 그렇지 프라이아노도 페페 말처럼 한 번은 다녀올 만한 아기자기한 동네다. 만장일치의 기립 박수보다는 호불호가 갈릴 아늑함과 소박함으로 범벅이 되어 있다. 두 시간을 넘게 걸어 점심시간을 훌쩍 넘기니 배가 너무나 고파 마을 초입에 있는 피자리아에 들어가서 하와이안 피자를 시켰다. 과일을 따뜻하게 먹는 건 있을 수 없는 일이라는 사람들이 있는데, 나는 달콤한 파인애플과 짭짤한 햄이 반복해서 미각을 원투 펀치 하는 맛이 정말 좋다. 한 판을 다 먹고 나서야 포크를 놓았다. 금강산도 식후경이라는데, 금강산이 필요가 없었다.

점과 점 사이

목적지보다 그 여정이 가치 있다는 표현은 언제나 나의 빈축을 샀던 말이다. 콧방귀를 있는 대로 뀌면서 '아니, 목적지가 중요해!' 하고 외쳤는데 프라이아노에 다녀와서 목적지보다 귀한, 그곳을 향한 걸음이 있을 수 있음을 깨달았다. 모자도 선글라스도 없이 나와 알록달록한 도자기를 구워 파는 상인과, 몇 번을 꺾었는지 세는 것을 포기하게 만드는 오르막 굽이 길을 걷고 또 걷는 중 발견하는 해변들, 스무 명이 앉으면 꽉 찰 작은 예배당, 누군가 더위를 씻으려 단숨에 마시고 두고 간 듯한 빈 맥주병을 만났다. 여기에서 저기까지 가장 빠르고 쉽게 가는 방법을 찾아보고 싶어도, 천천히 걷는 하루는 일부러라도 일정에 넣어야 한다. 힘을 주어 긋는 선이 진하게 그려지듯, 체중을 실어 딛는 걸음으로 걸었던 프라이아노 가는 길은 프라이아노보다 더 좋았다.

리몬첼로를 연주해 주오

푸로레에 있는 피오르드 앞 해변 Fiordo di Furore 에 가 보고 싶었다. 바다 앞 큰 돌에 아주 약간의 틈이 생겨 만들어진 곳으로, 오래전에는 강도들 이 숨어 있다 지나가는 사람들을 해치곤 했던 우범 지역이었다는데 지 금은 아말피 해안가에서 꼭 가 봐야 할 예쁜 해변 중 하나로 손꼽힌다. 버스에서 내려 눈이 팽팽 도는 계단을 내려왔는데 아무도 없다. 아직 성 수기라면 성수기인데 내가 모르는 동네 성인의 축일인지 오늘만 특별히 점심시간을 훌쩍 넘겨 모두가 늦잠을 자는 것인지 벌레 하나도 보이지 않는다. 서울에서는 카페에 들어섰는데 아무도 없으면 '여기 내가 전세 냈다!' 싶어 신이 나는데, 아무도 없는 해변에는 앉아 있는 것이 영 불 편하다. 작은 바의 문이 열리는 소리에 뒤를 돌아 보니 주인이 문을 열 자마자 닫고 집에 가려는 듯 자물쇠를 채우려 한다. 나를 발견하고는 첫 손님이자 마지막 손님일 것 같다고, 원래 이리 적적하지는 않다며 미안 하니 뭐라도 한 잔 마시고 가란다. 낯선 사람이 주는 것은 함부로 받아 먹으면 안 된다는 것은, 특히 주변에 아무도 없을 때 술을 받아 먹는 것 은 분명 그리 좋은 생각은 아닌데, 그가 가지고 나오는 리몬첼로 한 잔 을 꼴깍 넘겼다. 이렇게 무장해제되어 이 동네에서 태어난 사람인 줄 착 각하고 지내다가 너 큰일 나 조심해, 하는 생각은 '알겠어, 내일부터'로

눌러 놓고.

첫 이탈리아 여행에서부터 홀딱 반해 들고 올 수 있는 만큼 실어 날랐던 리몬첼로는 와인처럼 등급을 매긴다. 질 좋은 DOP 리몬첼로를 최고로 쳐 주는데, 밝고 맑은 남부 지역에서 난 레몬으로 만드는 것이 가장 맛 있다. 요즘은 수요가 너무 많아 레몬 파우더로 만들기도 하니 꼭 라벨을 확인하고 골라야 한다. 포지타노 레몬은 1년에 네 번 열매를 맺는다. 1년 에 네 번 결실을 맺을 기회가 주어지면 얼마나 좋을까? 평생 한 번 잘 익은 열매를 맺는 것도 쉽지 않은 일인데, 분기별로 한 번씩은 큰 수확 을 하는 것이다. 노랗고 통통한, 시고 달고 상큼한 열매가 주렁주렁 열 린 가지를 똑 떼어 술로 빚는다. 도수가 꽤 높아 사이다와 섞어 마셔 보 았는데 레몬과 알코올이라는, 진하고 강한 두 개의 맛이 달콤한 탄산을 만나면 귀에서 현악기가 들릴 정도의 황홀함을 경험하게 된다. 푸로레 바다에는 발 한 번만 담가 보고 돌아서는 것이 아쉽지 않았다. 얼른 포 지타노로 돌아가 슈퍼에서 사이다를 사 가지고 들어가야겠다는 생각뿐.

Day 4。
September 11

포지타노 *Positano*

오 솔레미오

"한국 사람이세요?"

절망의 끝과 희망의 시작의 접점에서만 나올 수 있는 목소리로 두 여자가 입을 모아 묻는다. 여기가 어디지, 하고 지도를 들고 머뭇거리는 여행자들을 이따금 마주쳐도 쉽게 끼어드는 편은 아닌데, 여기가 포지타노 메인 해변인 거지? 이게 다야? 시내는 없나? 다시 소렌토로 갈까 그럼? 하는 말에는 뒤를 돌아 '여기 아니에요, 배 타고 가야 해요.' 할 수밖에 없었다.

몇 정거장을 더 가서 버스에서 내려 포지타노를 되짚어 오다 아리엔조 해변으로 내려왔다고 한다. 아리엔조는 그런데 해변 바로 옆 해변이지만 마을을 크게 한 바퀴 돌아 한참을 걷거나 보트를 타야 포지타노 중심부로 이동할 수 있는 위치에 있다. 소렌토에 묵고 있는 둘은 한참을 아리엔조에서 보내고 이제 곧 소렌토로 돌아가야 하는 시간에 포지타

노를 막 만난 것이다. 소렌토나 포지타노나 야경은 비슷하냐는 물음에
는 제발 그렇다고 대답해 달라는 간절함이 묻어 났지만, 나는 꼭 밤의
포지타노를 보고 가야 한다고 설득했다. 두 번 갔는데 평생 단골인 듯
맞아 주는 식당에서 함께 식사를 했다. 모든 손님들에게 내어 주는 서비
스지만 특별히 주는 마냥 호들갑을 떨며 내오는 멜론 리큐르와 호박꽃
리코타 치즈 튀김에, 소렌토로 돌아가는 막차 시간은 잊은 지 오래였다.
통기타를 작은 언덕만 한 배에 얹고 레스토랑을 총총 돌아다니며 오 솔
레미오를 불러 주는 가수의 목소리가 조금씩 작아지는 틈을 엿보며 우
리 셋은 대화를 바쁘게 나누었고, 급기야 이 둘은 소렌토에서의 일정을
취소하고 포지타노에 더 머무를 방법을 강구하기 시작했다. 결국엔 택
시를 불러 못 갈 곳으로 끌려 가는 표정으로 소렌토로 돌아가긴 했지만
꼭 다시 올 거라고 택시 창을 내리고 크게 인사하는 그녀들을 보며 식당
사람들이 너 매일 한국인 여행자 두 명 정도는 데려올 수 있을 것 같다
고 농을 친다. 그럴까? 여기서 호객꾼으로 일할까? 호박꽃 튀김 남은 거
있으면 하나 더 줘 봐, 생각해 볼게.

사랑으로 충만한 작은 골목들

골목에서 연인들의 키스를 우연히 마주하게 되는 것은 부끄럽다. 공공 장소에서의 애정 행각에 내성이 전혀 없는 한국인은 특히 그렇다. 정작 끌어안고 얼굴을 비비고 부드럽게 머리칼을 넘기는 현지의 연인들은 아무렇지 않은데, 우리의 볼이 괜스레 빨갛게 달아오르고 눈을 어디에 둘지 혼란스러워지는 것이다. 열린 공간에서의 입맞춤과 포옹은 이렇듯 생소하고 민망한 것이었는데, 이탈리아에서는, 특히 배경이 끝내주게 도와주는 포지타노에서는, 그저 아름다워 부끄럼도 모른 채 연인들을 축복하고 싶은 마음뿐이다. '다른 데 좀 가서 하지…'라는 생각이 들게 하는 과다한 욕망의 몸짓이 아니라 부드럽고 감미로운, 사랑이 가득한 움직임이다.

호텔로 걸어 올라가는 길에 나는 어린 연인들의 키스를 목격했다. 십대의 키스란. 2차 성징이 늦은 경우 또는 수줍음이 많은 경우 또는 그냥 운이 좋지 않은 경우 십대의 키스를 경험하지 못하고 이십대를 맞이하는 사람들도 있으니 누구나 겪었을 것이라 지레짐작할 것은 아닌 십대의 키스란. 서로를 안고 있는 어색한 팔의 각도, 발그레한 볼이 야광봉처럼 빛나는 입맞춤이다. 오래 보고 있자니 이들과 눈이 마주칠 것 같고 관음증 환자 취급을 받을 것 같아 바로 발걸음을 옮겼지만, 우연히 본

이 키스는 강렬하게 기억에 남았다. 기억에 남은 것인지, 기억을 불러일으킨 것인지는 잘 모르겠다. 하지만 이 어린 애정행각자들의 기억에는 앞으로 있을 그 어떤 키스들보다도 더 오래 남을 입술의 부딪힘이었을 것이다.

대신 여행해 드립니다

여행지라는 매개가 있는 사람들사이의 간격은 속도 있게 좁혀진다.

첫 책을 쓸 때 비를 쫄딱 맞고 헤매며 찾아간 볼로냐 최고의 카페 테르치 Terzi에서 크레미노 Cremino를 마시고, 그 감동을 누구와도 공유해 본 적이 없었다. 5년이 지나고서야 일 때문에 서울에서 딱 한 번 본 사람에게 추천하게 되었다. 그 사람도 공교롭게 비가 내리는 날 테르치를 찾아 크레미노를 마셨고, 며칠 후 파리에서 조우한 우리는 뭐라 말할 수 없었지만 무척 편안한 마음으로 열 번은 더 봐야 할 수 있는 이야기들을 두 번째 만남에서 주고받았다.

미국으로 돌아간 아담과는 계속 이메일을 주고받고 있었다. 다시 포지타노를 간다는 소식을 전하니 너무나 그리워 꿈에도 나온다는 포르닐로 해변의 샐러드를 대신 사 먹어 달라고 했다. 그렇게! 그게 뭐 어려운 일이라고. 먼저 지난 여행에서 페페네 호텔에 함께 묵었던 캘리포니아 여자 셋이 극찬했던 포지타노 카페의 초콜릿 크로와상을 아침으로 먹어 주기로 했다. SNS 덕분에 실시간으로 사진을 보내 줄 수 있었다. 너희 말대로 정말 맛있구나, 내일도 와서 먹을 거야. 두 개 먹을 거야.

Day 5。
September 12

포지타노 *Positano*

길 위에서 훨씬 더 소심하고
또 다정한

구글맵은 사용하지 않는다고, 탐험 정신 가득한 여행가인 양 말하지만 사실은 지도를 펼쳐도 길을 헤매기에 소용이 없어서 안 보는 것이다. 작은 파란색 화살표를 액정이 깨질 듯 집중하여 보면서 뱅글뱅글 제자리에서 도는 것이 스스로도 너무나 우스워 보여 여러 번 시도하다 말아 버렸다. 그래서 반나절이면 너덜너덜해지는 종이 지도를 들고 여행하니 인터넷 연결이 크게 중요하지 않을 줄 알았다. 하지만 다른 것들에 마음이 쓰인다. 호텔에 불이 나서 짐이 몽땅 탔다고 메일이 오면 어쩌지, 예약해 놓은 비행기 스케줄이 변경되었다는 알림이 오면 어쩌지, 집에서 급한 연락이 오면 어쩌지, 일어날 가능성이 1%도 없는 상황들이 자꾸만 떠올라, 하루 9,900원의 행복, 데이터 로밍을 신청하고 말았다. 다음 여행에는 이렇게 호들갑 떨지 말아야지, 하면서 해외 유심칩 없이 왔다가 결국 하루 이틀 만에 세상에서 가장 친절한 통신사 상담원 목소리를 듣게 되었다. 오지 않을 걱정스러운 연락에 대비하는 것도 있지만 여행 중 인터넷 연결이 된다는 것은 가족, 친구들과의 더 잦은 연락을 의미한다. 보고 싶은 얼굴들을 보고, 내 얼굴도 보낸다. 아침은 뭘 먹었는지, 그때 걱정하던 그 일은 잘 풀렸는지, 평소의 나라면 미처 신경 쓰지 못했을 일들을 묻고 궁금해한다. 바쁜 일상 속에서 살갑게 주변 사람들을 챙기지 못해 이렇게 몸도 마음도 편한 환경에 놓여야만 비로소 소중한 사람들이 생각난다는 것이 참 못났지만, 그래서 여행을 좀 더 자주 떠나려 한다. 어떻게 지내니, 밥은 먹었니, 하고 연락을 하면 지금 거기는 몇 시니? 하고 묻는 마음 넓은 그들에게 그저 고마울 뿐.

밤 공기와 곱슬머리와 페퍼민트 샴푸와
도마뱀과 레몬 향수

집 문을 열고 나오면 가장 먼저 보이는 것은 포지타노 시내 한가운데 자리한 레몬 소르베 수레다. 포지타노에서 가장 맛있다고 써 있는데, 여기 저기 다니면서 먹어 보니 세상에서 가장 맛있다고 써 붙여도 될 정도로 다른 곳과 격이 다르다. 얼음이 너무 많지도 않고 너무 굵지도 잘지도 않으며 새콤함과 달콤함을 모두 겸비해, 쉼 없는 숟가락질에 바닥이 금방 보인다. 탈탈 털어 마지막 한 방울까지 혀 위에 떨구며 하루를 시작했다. 오늘도 집 밖을 나서며 소르베 직원과 눈이 마주쳐 경쾌한 본 조르노가 두 번 거리에 울렸다. 나는 지갑에 손을 가져가고 직원은 자연스럽게 새 컵을 뽑아 들어 소르베를 꾹 눌러 담는다.

포지타노 어느 골목에서도 바다의 소금기가 전혀 느껴지지 않는 것은 레몬 나무와 레몬으로 만들 수 있는 모든 종류의 상품들이 널려 있기 때문이다. 코 끝을 찡긋하게 되는 새콤달콤한 레몬 향이 진동한다.

작은 레몬향 향수를 샀다. 레몬 말고는 아무것도 넣지 않았나 싶을 정도로 그저 온통 레몬이다. 포지타노가 그리우면 아주 살짝 손목에 뿌려 킁킁 냄새를 맡을 용으로 샀는데 생각보다 자주 뿌리게 된다. 비성수기에는 상점이 문을 닫고, 해마다 가고 있어 곧 또 올 거니까, 하는 생각으로 두 번째 병을 아직 사지 않았는데 벌써 반 이상 없어진 향수를 보면 조

바심이 난다. 얼마 하지도 않는데 한 번에 여러 병을 사 올 걸. 하지만 그러면 또 이곳에 한참을 오지 않게 될까 봐, 다음번에 가면 작은 병 딱 하나만 더 사 올 예정이다.

칙, 하고 뿌리면 떠오르는 그해 여름의 밤 공기와, 손가락 사이로 조그만 동그라미를 만들며 엉클어지던 그의 머리칼과, 여름 내 쓰던 내 페퍼민트 샴푸향과, 도마뱀과 레몬 나무가 담겨 있다. 참다 참다 이따금 꺼내어 뿌리면 모든 것이 정말 빠르게, 너무 빠르게 어리어 나타난다.

올해 들어 한 번도 서핑을 안 했지만
난 서퍼야

포지타노의 해변들은 모두 자갈 해변으로, 정오 전후로는 달구어진 돌 위에 발을 디디는 것조차 힘들 정도로 뜨겁다. 신발을 신고 돌아다니다 물에 들어가기 직전에 벗고 물로 뛰어 들어가고, 나와서는 또 타월을 찾아 걷는 몇 걸음만을 겨우 버틸 수 있을 정도다. 태껸을 하듯 이크, 에크, 하며 뜨거움에 소리를 아니 지를 수 없는 온도다. 포지타노 사람들은 뜨뜻한 구들장을 밟듯 평온한 표정을 하고 있으나, 이들은 수백 년 전부터 길이 깔리기도 전에 맨발로 포지타노 절벽 길을 하루에도 몇 번씩 다니던 사람들이니 함부로 따라해서는 안 된다. 오늘도 플립플랍 샌들을 챙겼는데 이미 바다에 나와 있던 페페가 그게 왜 필요하냐고 묻는다. 이거 없으면 화상 입는데? 조심성 없이 아무 데나 내려 놓아도 괜찮은 네 발과는 완전 달라, 난 촌스런 도시 여자라고. 그렇지, 내 발로는 못을 밟아도 모를 걸? 아기 때부터는 모래 사장에서, 청소년 시기부터는 서핑 보드 위에서 단련된 철판 같은 발바닥이란다. 두껍고 단단한 발바닥 자랑을 실컷 하고는 패들 보드를 들고 일어서는 페페의 왼쪽 어깨 뒤에, 시간이 오래되어 윤곽이 희미해진 타투가 보였다.

"이건 뭐야? 선인장?"

"선인장이 아니고 서핑 보드. 모르는 사람들은 다 선인장이라고 하더라, 서핑 보드인데."

"야, 이걸 서핑 보드라고 바로 알아보는 사람이 있으면 그게 용한 거지."

포지타노 바다는 파도가 거세지 않아 근 1년 동안은 서핑을 해 본 적이 없다고 한다. 하지만 페페는 자기 소개를 할 때 '나는 서퍼야'라는 말을 가장 먼저 꺼낸다. 그래도 되는 건가? 지난 1년 동안 녹음실 부스 안에 들어가 본 기억이 없어도 나는 노래하는 사람이라고 해도 되는 걸까? 소속이 적혀 있는 명함이 없는 사람들은 스스로를 어떻게 소개할까? 가장 오래 해 온 일? 지금 하고 있는 일? 곧 하게 될 일? 자기 소개 잘못했다고 잡혀가는 것도 아닌데 마법사라고 하건, 외계인이라고 하건 무슨 상관이랴. 페페의 선인장 같은 서핑 보드 타투가 점이 되어 보이지 않을 때까지 생각하다 잠정적 결론을 내렸다. 발바닥이 말랑말랑해지면 서퍼라고 더 이상 소개하지 못할 것 같아. 나도 마음대로 소리가 나지 않게 되면, 생각을 종이에 옮기는 방법을 잊게 되면 노래한다고, 글 쓴다고 하지 말아야겠다. 대신 그때까지는 보컬이라고, 작가라고 소개해도 괜찮을 것 같다. 5년에 한 번씩 페페에게 발바닥 안부를 물어야겠다고도 생각했다.

마음을 놓다

'그냥 파도가 흘러가는 대로 몸을 맡겨' 하는 말을 들을 때면 그 수동적
인 뉘앙스에 반발심이 일었다. '물살을 기분 좋게 탄다' 하고 주체가 내
가 되도록 표현하면 뭐 안 될 것 없지 싶으면서. 어찌 그렇게 단순하냐
고 핀잔을 줘도 어쩔 수 없다. 그러나 아무리 용을 써도 이길 수 없는 것
이 바다다. 그래서 마음에 들지 않는 말이지만 어디 한 번 오늘은 모두
맡기고 누워 보기로 했다. 파도가 아무리 작다 해도, 하늘과 바다와 바
람과 태양의 합작으로 일어나는 그 움직임은 우리 마음대로 어찌 할 수
있는 것이 아니다. 마음을 놓고, 그러니까 정말 마음을 전부 놓고 몸이
축 늘어져 바다 위에 떠 있자고 작정하고 그렇게 해 보니 어처구니 없이
눈물이 핑 돈다. 밀었다 놓아 줬다 하는 작은 일렁임들에 이리저리 밀쳐
지며 괜찮다고 말해 보았다.

부럽다 네 팔자

포지타노 사람들에게 '이 동네에서 팔자가 제일 좋은 건 누구냐' 물으면 아마 대부분은 동네 고양이라 말할 것이다. 산책을 나와 걷다 인기척이 느껴져 옆을 보면 나란히 걷고 있고, 해가 참 좋다 생각하고 있으면 발 밑에서 길쭉하게 스트레칭을 하고 있다. 시도 때도 없이 낮잠을 자고 애정이 고프면 아무한테나 살랑이며 기어 가 애교를 피워 원하는 만큼의 손길과 카메라 세례를 받고는 인사도 없이 뒤돌아 간다.

Day 6.
September 13

비에트리 *Vietri*

에스프레소, 에스프레소, 에스프레소

아침에만 우유가 들어간 커피를 마시는 것은 이제 당연시되어, 해가 중천에 뜨고부터는 에스프레소가 아니면 잘 넘어가지 않는다. 아무리 카페인이 간절했더라도 큰 잔을 벌컥벌컥 비우는 것은 쉽지 않다. 다른 일에 몰두하고 있다가 다시 커피 생각이 나서 컵을 쥐었을 때 사라진 온기와 함께 그저 그렇게 변한 맛도 참 별로다. 에스프레소는 그럴 일이 없다. 아무리 아껴 마셔도 세 입이면 뚝딱이니. 카페에서 불편하게 누가 말을 걸어 와도 금방 비우고 자리를 털고 일어날 수 있고, 마시는 내내 맛도 좋고 온도도 뜨거우며, 입에 남는 맛과 코끝에 감도는 향은 꽤 오래 진하게 맴돌아 여운이 길다. 그리고 저기 선베드에 두고 나온 비치 타월이며 책이며 선글라스를 3초마다 돌아보지 않아도 되는 것도 좋다. 바닷물이 몇 방울씩 입술에 튀어 소금기를 핥아 내고 나면 금방 또 한 잔 더 마실까 생각이 드는 것이 유일한 단점이다.

안 속는단다

동네 사람들이 일러 준 것 중 하나는 인사도 나누지 말아야 할 블랙리스트 인물들을 경계하라는 것이었다. '너 여기서 쟤, 쟤, 쟤, 조심해. 여행객들 꼬시는 게 주특기다.' 사실 알려 주지 않아도 이탈리아를 매년 오다 보니 그쯤은 이제 구분할 수 있게 되었다. 처음 들었을 때 의심 반 호기심 반으로 들었던 뻔한 멘트 중 하나는 길 안내를 도와주고는 '헤매는 사람을 도와줬는데 볼에 뽀뽀를 못 받으면 평생 불행하다는 전설'이다. 배가 뒤집힌다는 보트 위 선원도 있고 장사가 망한다던 옷 가게 점원도 있었지만 어쨌든 요지는 뽀뽀다. 그렇구나, 안 됐네, 어쩌니, 하고 넘기면 된다.

아리엔조 너머의 바다를 보려 보트를 구했는데 가이드 눈빛이 꼭 수십 번 들은 그 이야기를 곧 쏟아 낼 기세다. 오늘은 손님이 많지 않아 나를 태워 주고도 시간이 많이 남으니 정해진 루트보다 훨씬 더 멀리 여러 곳에 데려다 주겠다며 슬슬 '있잖아, 옛날부터 전해 오는 이야기에 따르면…' 하고 말을 꺼낸다.

"응 알아, 뽀뽀 안 해 주면 뭐 큰일 난다고?"
"…"

"다음에 타는 사람한테 더 실감나게 잘 얘기해 봐, 난 안 속으니까."

뻘쭘해하려다가 금방 또 괜찮아져 크게 웃는다. 그래! 실컷 놀다 다시
타라며 내려 주었다.

기억을 다시 살아, 살려 내다

조금 덜 알려진 이름의 동네를 가는 것은, 긴 버스 배차 간격과 많지 않은 여행 정보를 감안해야 한다는 것을 뜻한다. 하루만, 딱 하루만 더 머물렀으면 좋겠다고 간절히 바랐던 수많은 여행들이 있었지만 이번은 그런 여행이 아니다. 일정이 넉넉하다. 그래서 비에트리를 다녀오기로 했다. 여유롭게 도착해 사진을 찍으려는데 무언가 이상하다. 빛이 너무 많이 들어갔나, 렌즈에 먼지가 낀 건가 했는데 아무래도 고장이 났다 보다. 조심한다고 했는데 바닷물이 들어간 것인지 아니면 변변한 케이스 없이 가지고 다니다가 어디 부딪혔던 것인지 완전히 쓸모가 없게 되었다. 펜과 종이가 없는 것보다는 낫지, 하고 생각해 보려 했지만 씁쓸하다. 전날 밤 피곤해서 충전기를 찾아 꽂지도 못하고 잠드는 바람에 이미 핸드폰은 꺼진 지 오래. 오늘 보고 경험하는 모든 것은 온전히 기억력에만 의존해야 한다. 기댈 구석이 없어졌으니 정신을 더욱 또렷하게 차리고 다녀야 한다.

기록하고 나중에 다시 볼 수 있는 저장 매체가 없다면 우리는 매일매일에 더 충실할 수 있을까? 받은 문자가 스무 개를 넘어가면 자동적으로 삭제가 되던 핸드폰을 사용했을 적에는, 얼마 담지 못하는 보관함에 좋아하던 친구가 보낸 문자를 쌓아 두었었다. 몇 번씩 다시 읽어 잊지 말

아야지 했던 그 메시지들은 지금 내 기억에 하나
도 남아 있지 않다. 오늘 아무리 눈을 크게 뜨고
돌아다녀도 언젠가는 기억에서 희미해질 장면들
앞에서 서글펐다. 기억은 그저 추억하는 것으로는
생명력을 잃는다. 아무리 자주 꺼내어 봐도 어느
날부터는 점점 그 모습이 달라져 가는 것을 깨닫
게 된다. 지난 번보다 덜 선명하고 무게도 가벼워
진 기억을 꺼내며 마음 아파하다가, 꺼내어 보는
것조차 잊는 날이 오게 된다.

그래서 다시 살아 줘야 한다. 한 번 다녀 갔으니
이제 올 필요가 없다고 느껴지면 어쩔 수 없지만,
정말 좋았던 곳들을 두 번, 세 번 찾는 것은 기억
이 계속 진행형이기를 바라는 마음 때문이다. 창
고 깊이 넣어 두는 것이 아니라 내일이라도 필요
하면 바로 꺼낼 수 있게, 잘 보이는 선반 위에 올
려 놓고 자주 꺼내어 다시 사는 것이다.

규칙 없는 리듬을 멋지게 타는 방법

가능하다면 마구간에서 한 계절을 보내 보고 싶다. 자주 할 수 없어 취미라고 부르지 않지만 기회만 생기면 말을 탄다. 비에트리 근처에도 마구간이 있어 가볍게 산책하는 코스를 예약했다. 단단한 등과 거칠고 엉켜 있는 갈기를 쓰다듬으며 오늘 잘 부탁한다고 인사를 건넸다.

승마가 좋은 이유는 말과의 교감에 있다. 애완동물을 키워 본 적이 없어 평생 느껴 본 동물과의 친밀한 교감은 승마를 통한 것이 거의 전부인데, 근육의 움직임과 체온과 숨소리를 공유하고 같은 곳을 보고 달리는 것은 굉장한 즐거움이다. 완전한 제어가 되는 것은 아니다. 옆의 풀, 나무에 한눈을 파는 것을 어르고 달렸다가 옆구리도 한 번 차며 길을 재촉해야 하기도 한다. 빨라졌다가 느려졌다가 하는 것은 말의 컨디션에 따라 왕왕 바뀌어, 어떤 박자에 맞추어 몸을 움직여야 할지는 그저 타 보면서 어림짐작할 수밖에 없다. 엉덩이를 들었다 내리고, 고삐를 잡아당겼다 느슨하게 풀어 주는 박자를 용케 놓치지 않고 탔다. 훌쩍 커진 키로, 불규칙적으로 오르락내리락하며 둘러보는 아말피 해안가는 또 다른 모습이었다.

Day 7。
September 14

포지타노 *Positano*

잠이 오지 않는 굉장히 좋은 밤

우울한 날과 기분이 안 좋은 날이 이틀 정도 이어진다고 해서 우울증이라 할 수 없고, 어제 잠을 못 잤다고 해서 불면증이 도진 것도 아니다. 그래서 그냥 잠이 오지 않는 밤이었다고 쓴다. 별일이 있는 것도 아니었는데 침대 위에서 눈을 뜬 채로 아침을 맞았다. 잠이 오지 않는 밤은 굉장히 좋을 수도 있고 굉장히 나쁠 수도 있는데, 굉장히 좋은 밤은 쉽게 찾아오지 않는다. 창문에 드리우는 그림자가 이쪽에서 저쪽으로 옮겨가는 것을 보고, 새벽 네 시에 쓰레기 수거차가 끼익 서는 소리를 들었다. 무슨 일이 없는데 그냥 잠이 오지 않았던 것이라 이런저런 생각에 바쁘지도 않았다. 그저 그림자와 소리만 기억에 깊게 남은 밤이었다. 어느 도시에서처럼, 포지타노가 밤과 새벽과 아침을 거치는 과정은 별다른 특징 없이 조용했다. 아침이 오면 모든 것이 달라지는 낙원이라는 점이 다르지. 아침 햇살이 발을 간질이자 벌떡 일어나 비키니에 손을 뻗었다.

아무것도 하지 않음, 그 달콤함 Dolce Far Niente

무언가 대단한 걸 해야겠다는 목적 없는 날이 좋은 이유는 무언가 대단한 걸 해 보지 않을래? 라고 누군가 물어 왔을 때 주저 없이 그래! 하고 외칠 수 있기 때문이다. 미안한데 이걸 해야 해, 저기를 가야 해, 대답하고 아쉬움에 돌아서지 않아도 된다. 대수롭지 않은 제안이라면 거절해도 되지만 ── 하지만 나는 사소한 것에도 대부분 오케이를 외친다 ── 어쩔 수 없이 대단한 것을 거절하는 일은 속이 쓰리니까.

해변에서, 인생은 달라진다. 시간은 한 시간에서 그 다음 시간으로 움직이지 않고, 일시적인 기분에서 순간으로 이동한다. 우리는 물살을 따라 살고, 조수에 따라 생을 계획하며, 태양을 따른다. ∘무명

행복은 모래알로 세어 보자

하루 종일 바다에 들어갔다 나와서 모래밭을 뛰어다니고 누워 있기를 반복하다가, 수영복 위에 무언가를 걸쳐야겠다는 생각이 들면 해 저물 시간인 거다. 그때 몸을 일으켜 이곳저곳을 탈탈 털어 내면 후두둑 떨어지는 모래는 하루 동안 얼마나 보람되게 놀았는지에 대한 증거다.

왜인지 모르겠지만 유럽의 휴양지에서 틀어 주는 음악은 대략 20년 정도 시대가 뒤쳐진다. 첫 마디만 들어도 어떤 노래인지 맞출 수 있는, 가사를 다 알고 있는 편한 올드팝을 틀어 주면 사람들의 기분이 더 좋아진다는 연구 결과라도 있는 걸까? 어김없이 최소 10년 만에 들어 보는 노래가 어딘가에서 흘러나와, 따라 흥얼거리며 모래를 열심히 털었다. 내일 다시 올 때 혹시 길을 못 찾을까 봐 표시를 하듯 호텔로 걸어가는 내내 왼쪽 어깨, 오른쪽 어깨, 종아리, 팔꿈치를 차례로 흔들었다.

Day 8。
September 15

포지타노 *Positano*

400개의 계단 아래서 보물 찾기

오늘도 포르닐로 해변. 아무래도 가장 가까운 해변에 자주 가게 된다. 계단을 400개나 걸어 내려가야 하지만 달팽이 껍질 같던 작은 파라솔들이 점점 더 크게 보이고 파도 소리가 들려 오기 시작하면 오히려 힘이 나서 오른발, 왼발, 오른발, 왼발. 발은 한 번도 엉키지 않고 재빠르게 뛰어 내려간다. 모래사장과 파도에 하루 종일 쓸 에너지를 전부 던져 놓고 올라올 때가 문제지. 하지만 바다가 눈 앞일 때에는 그런 생각은 들지 않는다.

포르닐로 해변은 그런데 해변과 비교해 '더 작은 해변 The small beach' 라고 불리는데 사실 절대적인 크기로는 둘이 비슷하다. 양 옆이 막혀 있는 것처럼 보이고 사람들이 상대적으로 덜 찾아 편의상 그렇게 부르는 것 같다. 전설에 따르면 이곳은 포세이돈이 바다의 님프 파지테아 Pasitea에 대한 사랑을 과시하기 위해 동네 사람들을 수장시키려 했다는 무시무시한 해변이란다. 포르닐로를 찾는 모든 사람들에게 마법을 걸었다는 설도 있다. 선베드 대여를 겸하는 푸페토_{Pupetto} 바의 주인 아저씨에게 포세이돈 이야기를 들으며 어떤 마법일까, 궁금해하던 차에 버스 정류장에서 몇 번 지나치며 인사를 한 동네 사람 한 명이 소리 지르며 도움을 청한다. 조카와 놀아 주다 결혼 반지를 바다에 빠뜨렸다고. 그것이 어떤 의미인지 아는 이탈리아 남자들은 번개같이 일어나 모두 바다로 뛰어들었다. 못 찾을 것을 알면서도. 이미 넘실거리는 파도에 실려 멀리 떠내려갔거나, 모래 바닥 깊숙이 처박혀 있거나, 게나 가재 뱃속에 있을 것이 분명함을 다 알지만 근 한 시간 동안 우리 모두 열심히 반지를 찾았다. 열 손가락 모두 물에 불어 자글자글 주름이 지고 발가락 사이는 모래로 가득한 채로 결국 기권을 외치고, 세상에서 가장 불쌍한 남자는 비장한 표정으로 집으로 향했다. 터벅터벅 걷는 그의 뒤로, 해가 중천에 떠 있는데 어디에서 온 것인지 모를 닭이 속도 모르고 시끄럽게 울었다.

푸페토 아저씨는 분위기 전환을 위해 직접 담갔다는 와인을 들고 나와 모두에게 부어 주었다. 넌 특별히 정어리 브루스케타도 줄게. 맛있는 게 하나 남으면 손님 차지다. 브루스케타를 오물오물 씹으며 이제 자리를 좀 잡으려 하는데, 엊그제엔 시간이 늦어 곧 해가 지니 선베드 값은 받지 않았던 주인이 오늘은 '나 너 알아. 우린 이제 친구니까' 하며 이것 저것 집어 든 주전부리까지 포함해서 5유로에 선베드를 내주었다. 여러 번 오면 가격표는 사실 의미가 없다. 주인 아저씨의 기분과 인심에 따라 그냥 놀다 가는 날도 많다. '지금쯤 먼지 나게 맞고 있겠지?' '우리 다 집에 가면 아마 다시 반지 찾으러 혼자 나올 걸?' 아까 죽상이 되어 집으로 가던 그를 떠올리며, 우스갯소리 한 번에 와인 한 모금.

오늘 입고 안 입을 옷 쇼핑하기

여행지에서만 입을 수 있는 옷, 그러니까 분명 집에 입고 들어가면 엄마 한테 잔소리를 들을 만한 바닥에 끌리는 레이스 화이트 원피스 같은 것 이 자꾸만 눈에 들어온다. 아무리 열심히 휘감아 잡고 다녀도 포르닐로 로 내려가는 계단에서 한 번은 밟고 미끄러질 것이 분명하지만 그래도 갖고 싶다. 한국에 돌아가서는 절대 입을 수 없을 정도로 튀지만 여기에 서는 다들 그렇게 입고 다녀 더욱 사고 싶었다. 배경이 동화 같으니 이 리 입고 다녀도 하나도 이상하지 않을 것 같기도 하고. 그렇게 치렁치렁 한 치맛자락을 손에 넣었다.

'이번 바캉스에 입고 나서 또 언제 입겠어' 하고 수 년을 그냥 지나쳤었 다. 그렇지만 이곳에서만 입을 수 있는 옷을 사는 것도 좋을 것 같았다. 또 오면 한 번 더 입을 수 있으니까. 여행을 하면서 오롯이 주어진 시간 을 즐기고 거기에 만족하면 되는데도, 나는 자꾸만 다시 여기에 올 크고 작은 이유들을 만들고 있다. 정말 마음에 드나 보다. 이 작은 마을이 내 마음에 많이 들었나 보다.

한 번도 본 적이 없는 별똥별

시골 하늘은 맑아서 별이 많이 보인다는 것을 알고 있었지만, 시야를 전부 메울 정도로 많을 줄은 몰랐다. 페페네 테라스에서 별 때문에 그리 어둡지 않은 밤 하늘에 감탄하고 있자 다른 손님들도 방에 들어가다 걸음을 멈추고 고개를 들었다. 그렇게 우리는 '오늘 하늘 참 예쁘죠'라든지 '별이 많죠'라는 말도 하지 않고, 별 구경 약속을 한 듯 모두 하늘을 한참 보았다. 제자리에서 이따금 깜빡이는 별들 사이로 빠르게 움직이는 비행기가 슈웅 소리를 냈다. 한번도 땅에서 하늘을 지나는 비행기 소리를 들어 본 적이 없다. 페페는 별똥별도 자주 보인다고 알려 준다. 도시인들은 슈팅스타라는 말에 흥분하기 시작했다. 의외의 반응에 의기양양해졌는지 페페는 '어떤 날은 담배 한 대 태우는 동안 두세 개도 보는 걸' 하고 덧붙인다. 북쪽 하늘에서 날아오는 큰 것은 녹색으로 탔단다. 아직 별똥별은 한번도 본 적이 없다. 뉴스에서 며칠 전부터 모레, 내일, 오늘 밤 별똥별이 쏟아질 거라 알려 주어도 피곤해서 잠이 들거나 그냥 어쩌다 보지 못하거나. 서른 해 동안 단 한 번도 보지 못했다. 모두가 나의 첫 별똥별을 위해 꽤 오래 함께 기다려 주었지만 나타나지 않았다. 첫 별똥별은 어느 하늘에서 보게 될까?

Day 9。
September 16

포지타노 *Positano*

태양의 치마폭에 안겨

그림자가 없으면 태양이 얼마나 강하게 어디까지 내리쬐는지를 가늠하는 것이 쉽지 않은데, 그림자 대신 햇빛을 가로막는 나무나 건물이 있으면 알 수 있다. 그 뒤로부터 쏘아 오는 햇살이 촤르르 펼쳐지는 모습을 선샤인 드레스 Sunshine dress 라 한단다. 보통 아침 일찍 나오면 따사로운 이 무도회에 초대받기 십상이다. 걷고 있어도 잠이 스르르 오는 나른함을 한 겹 깔고 쏟아붓는 더위는, 곧 뛰어들 시원한 바닷물과 완벽한 대조를 이룬다.

보들레르의 여자

프랑스 시인 보들레르Baudelaire는 그의 대표작 〈악의 꽃〉에서 '그녀가 걸을 때도 춤을 추는 것처럼 보인다'라고 썼다. 마음에 와 닿는 구절은 일부러 기억하려 하지 않아도 글씨체와 쓰여진 종이의 질감까지 오래 남는다. 모르는 사람이 지나가다 나를 보고 이 글귀를 떠올려 준다면 참좋겠다, 춤추는 듯 걷는 사람이 되면 좋겠다고 생각했다. 읽은 지 한참된 시집의 한 구절이 포지타노에서 깨어났다. 신발 가득 흥을 담아 신고길을 나섰다. 하늘을 오르듯 사뿐사뿐 나아갔다.

너는 바다의,

계단만 내려가면 보이는 포르닐로보다, 보트를 타고 가야 하는 아리엔 조 해변이 더 마음에 들게 되었다. 작고 반들한 돌을 주워다 물감으로 곱게 그림을 그리는 아저씨가 일하는 바가 있어서. 그 바에서 더 싸고 맛있는 스프리츠를 팔아서. 그리고 몇 번 탔다고 이제는 삯을 안 받는, 아리엔조 해변과 포지타노 그런데 해변을 오가는 뱃사공의 이름이 멋들 어져서.

지도 위에 적혀 있는 태평양, 지중해, 대서양… 이런 바다 이름은 누구 에게도 큰 의미가 없다. 아드리아 해에 나를 빠뜨려 놔도 아~ 여기가 아드리아 바닷물이구나, 하지는 않을 것이다.

"내 이름은 '아드리아 해의'라는 뜻이야."

하지만 바다의 사람이라는 이름을 한 아드리아노가 자기 이름을 풀이해 준 후로 지도에서 아드리아 해가 더 자주 눈에 띈다. 그 짧은 물길을 하 루에도 셀 수 없이 여러 번 오고 가는데 전혀 지루해 보이지 않은 것은 이름에 서린 기운 때문일까.

잭팟을 터뜨려 보자

페페는 일주일에 한두 번씩, 버스 정류장 건너편에 있는 담배 가게 타바키에 들러 로또를 산다고 했다. '구경할래?' 우리나라와는 완전히 다른 방식으로 로또를 추첨하고 있었다. 실시간으로 번호를 골라 티켓을 뽑고 몇 분마다 생방송으로 추첨을 하는 식이었는데, 이걸 여러 번 반복하는데도 참여하는 사람이 많아서인지 당첨금이 꽤 컸다. 숫자는 네 개에서 여섯 개 사이로 고를 수 있고, 고른 숫자가 적을수록, 그중 맞힌 숫자가 더 많을수록 당첨금이 높게 배당된다. 정확히 어떤 룰인지는 완전히 이해하지 못하고 나는 1부터 99 사이의 숫자 여섯 개를 불러 보라는 말에 떠오르는 숫자들을 허겁지겁 불렀다.

첫 끗발이 원래 그렇게 좋다더니 여섯 개 중 세 개, 그 다음에는 네 개 중 세 개를 맞히고 스크래치 복권으로도 50유로씩을 연이어 몇 번 따고 나자 타바키 주인이 애 데리고 나가라고 웃으며 윽박지른다. 말도 안 통하는 동양인이 갑자기 나타나 가게에 있는 모든 복권을 긁고 찍으며 돈을 따고 있으니 이상하기는 했을 것이다. 영험한 코레아노 타짜쯤으로 봤을 수도.

운 좋은 사람이라는 생각을 살면서 몇 번 하지 않았는데, 이날은 행운을 듬뿍 받은 기분이 들었다. 도박으로 돈 못 버는 초보들이 그렇듯 마지막

에 크게 걸어 결국 우리 손에 남은 것이 큰 돈은 아니었지만, 거듭된 작은 요행들로 여러 번 크게 웃은 것으로 충분히 운이 좋았다. 마음먹고 라스베가스 한 달만 돌아 큰 몫 당겨 보자는 말에는 구미가 당겼지만 웃어 넘기기로.

Day 10。
September 17

포지타노 *Positano*

아는 골목

몇 번을 더 오면 너를 다 알 수 있을까? 매일 만나도 사람 속은 알 수 없지만 포지타노 너와는 조금의 틈도 남기지 않고 완전히 밀착할 수 있을까? 못 본 사이에 수많은 집 중 하나를 다른 색 페인트로 칠해 놓으면 '오랜만에 왔더니 뭔가 다르네' 하고 말할 수 있을까? 이미 다르게 칠한 건 아닐까 해서 사진을 비교해 보았다. 다행히 포지타노 사람들이 그렇게 부지런하지 않은지, 성수기라 건드리지 못했는지, 아니면 마을 사람들 모두 취향이 확고해서 색을 바꿀 마음이 없었는지 모든 건물이 그대로임을 일일이 짚어 가며 확인했다.

이별에 대한 자신감

로마든 나폴리든 어딘가를 거쳐 복잡하게 올 수밖에 없는 이 작은 동네를 떠나는 데 이제 자신이 있다. 처음 떠날 땐 이렇게 금방 다시 올 줄 몰랐기에 떠날 시간보다 한참 일찍 일어나 새벽이 밝아 오는 포지타노 구석구석을 정성스레 눈으로 어루만지고 억지로 인사를 했지만, 두 번째 이별에는 자신이 있었다. 또 올 수 있다는 것을 너무나 잘 알아서, '곧 보자'는 인사말이 전혀 슬프지 않았다.

사진기 셔터를 덜 눌렀고, 침대 위에서 구르다 장을 보러 나가서 바닷가까지 들러도 무방한 편한 옷들을 챙겨 왔고, 공책에 끄적이는 대신 입을 열어 대화를 더 많이 했고, 씩 웃고 마는 대신 내 이름을 좀 더 많은 사람들에게 알려 주었다. 사람을 만나는 것에도 이런 자신감을 가질 수 있었으면. '언젠간 우리가 반드시 다시 만날 것을 알기에 난 지금 절대 구차하게 굴지 않겠어, 잘 가.' 연이 닿지 않아 떠나 보내는 사람에게도 포지타노를 두 번째 떠날 때의 지금 내 모습처럼 쿨할 수 있다면 얼마나 좋을까. 세상에서 제일 쿨하지 못한, 열정과 냉정 사이라고는 전혀 없는 이의 단상.

Epilogue

센 불에 팔팔 끓여 주세요

동전 한 닢, 글귀 하나에 여러 개의 기억들이 꼬리를 이어 물고 보글보글 끓어 오른다. 감당하지 못할 정도로 끓어 넘치는 것이 아니라, 끓기 직전의 작은 거품처럼 보글보글 일어난다. 거기서 내키면 불을 더욱 세게 지펴 엉엉 울어 버리거나 다음 여행의 비행기 티켓을 끊어 버리고, 그렇지 않은 보통의 경우에는 불을 끄고 냄비를 내린다. 그래 오늘은 여기까지, 더 힘들면 안 되니까, 지금은 그럴 수 없는 상황이라서, 라는 마음으로 점점 더 자주 불을 끈다. 속내가 그렇지 않은데 찬물을 확 부어버릴 때도 있다. 포지타노에서 나는 내내 센 불 위의 주전자처럼 스팀을 뿜고 알람을 울리고 들썩였다. 그래도 괜찮아서, 그리고 그럴 수 있어서. 어떤 곳이라 그렇게 자주 가냐고 물으면 가장 먼저 떠오르는 답이기도 했다. '내가 팔팔 끓어 오르는 곳이에요.'

사실 구월 이야기만 있는 것은 아니에요

포지타노에 딱 두 번 다녀와 책을 쓰기 시작한 것은 아니다. 여섯 번, 일곱 번인가, 이제 세는 의미가 없을 정도로 계속해서 가고 있다. 그래서 2장에는 구월이 아니라 일월과 삼월과 사월과 십일월의 포지타노도 조금씩은 담겨 있다. 페페네 호텔이 공사를 하는 것도, 직원이 바뀌는 것도 보았고, 바다가 너무 차갑고 바람이 매서워 머플러를 두르고 팔짱을 꼭 낀 채 아무도 없는 해변을 걸었던 날도 있었다. 노트에도, 카메라 롤에도 흔적이 없는 한량 같은 날들도 있었다. 지루한 시간도, 화가 났던 날도 있었고, 서울인지 파리인지 의미 없을, 커튼을 열지 않고 집에만 있던 날도 있었다.

페페

책을 읽는 동안 한 번은 궁금해했을 것이다. 그래서 너희 둘은 무슨 사이라는 거지? 책에 담지 못한 많은 이야기들을 생략하고 결론부터 말하자면 우리는 친구다. 좋은 친구는 아니고, 꽤 좋은 친구. 앞에 '꽤' 한 글자가 필요하기는 하다. 한 글자가 더 붙었지만 '좋은 친구'보다는 거리감이 조금 더 생긴다. 남자와 여자는 절대 친구가 될 수 없다고 생각하는 사람들이 많지만 글쎄, 우리는 지금은 친구다. '지금은'이라는 단어도 필요하다.

친구가 아니어 볼까, 했던 순간들도 분명 있었지만 처음에는 내가, 그리고는 그가, 그 다음에는 다시 내가 뒷걸음질쳤다. 여러 번 주어졌던 기회들을 일부러 보내고 또 실수로 놓친 후 우리는 친구가 되었다. 서로 친구 이상이 될 것 같은 분위기를 감지하면 안돼, 라고 크게 이야기해야 했던 적도 있었다. 그렇게 이야기하면 선이라도 그어지는 줄 알고. 둘의

성격이 무척 비슷해, 애매하게 어물쩍 '어쩌다 보니 그렇게 된 것'으로
넘기지도 않았다. 그게 뭐야 바보같이. 아니면 아닌 거고 기면 긴 거라
며. 피크닉이라도 온 양 둘 앞에 생각과 마음을 다 꺼내 펼쳐 놓고는, 그
렇다며 고개를 끄덕였었다.

"포지타노 책은 안 쓰니?"
"쓸 거야. 너 얘기도. 그래도 되지?"
"전부 쓸 거니?"
"아니, 싸운 건 뺄 거야."
"그래."

맛있는 것부터 하고 싶은 것부터
가장 좋은 것부터

가장 맛있는 반찬을 마지막까지 남겨서 먹고는 했다. 그러다 몇 년 전부터는 가장 맛있는 반찬부터 먹는다. 배가 부르면 바로 수저를 놓는 법을 배워서, 먹다 보면 시간이 없어서 식사를 못 마치고 나가야 하는 상황을 겪어 보아서 그렇게 되었다. 여름을 통째로 이곳에서 보내고 말겠다는 대의를 위해 당장의 황홀경을 참았다가 찾은 포지타노지만, 그렇게 왔던 포지타노를 보고 난 후에는 여행도 그렇게 되었다. 정말 가고 싶은 곳은 아껴 두지 않고 최대한 빨리 가 보려 한다. 가 볼 곳들의 목록은 만들지 않고 그때그때 계획하고 떠난다. 적어 두면 기록이 되고 해야 할 '일'이 되지만, 티켓을 사 버리면 낮과 밤이 하나씩 지날수록 다가오는 설렘이 되니까.

맛있는 식사를 하는 것에 비해 여행은 그 타이밍을 맞추는 것이 훨씬 어렵다. 떠나기 전 할 일은 더 많아지고 시간과 체력은 줄어들며 그쪽에서도 나를 기다리는 것을 포기하게 된다. 부를 때 가야 한다. 앞서 말했듯이 여행은 여행지와 여행자 둘이 만드는 것이니까. 내 마음속에 들어섰다면 여행지가 먼저 손을 뻗은 것이다. 무안하지 않게, 얼른 잡아 줘야 하는 것이다.

그 여 름 의
포 지 타 노

초판 1쇄 펴낸 날 ｜ 2016년 8월 5일

지은이 ｜ 맹지나
펴낸이 ｜ 홍정우
펴낸곳 ｜ 브레인스토어

책임편집 ｜ 이상은
디자인 ｜ 김한기
마케팅 ｜ 한대혁, 정다운

주소 ｜ (121-894) 서울특별시 마포구 양화로7안길 31(서교동, 1층)
전화 ｜ (02)3275-2915~7
팩스 ｜ (02)3275-2918
이메일 ｜ brainstore@chol.com
페이스북 ｜ http://www.facebook.com/brainstorebooks

등록 ｜ 2007년 11월 30일(제313-2007-000238호)

이 도서의 국립중앙도서관 출판예정도서목록(CIP)은 서지정보유통지원시스템 홈페이지
(http://seoji.nl.go.kr)와 국가자료공동목록시스템(http://www.nl.go.kr/kolisnet)에서 이용
하실 수 있습니다. (CIP제어번호 : CIP2016016837)